全民数字素养提升科普系列丛书

大国智造

——智能制造素养提升课

中国机械工程学会◎编

中国人事出版社

图书在版编目（CIP）数据

大国智造：智能制造素养提升课 / 中国机械工程学会编. -- 北京：中国人事出版社，2024. --（全民数字素养提升科普系列丛书）. -- ISBN 978-7-5129-2015-6

Ⅰ. TH166

中国国家版本馆 CIP 数据核字第 2024KA0713 号

中国人事出版社出版发行

（北京市惠新东街 1 号　邮政编码：100029）

*

保定市中画美凯印刷有限公司印刷装订　　新华书店经销

880 毫米 ×1230 毫米　32 开本　6.125 印张　124 千字

2024 年 10 月第 1 版　　2024 年 10 月第 1 次印刷

定价：26.00 元

营销中心电话：400-606-6496

出版社网址：http://www.class.com.cn

编委会

出版说明

当今世界正经历百年未有之大变局，我国正处于实现中华民族伟大复兴关键时期。党的二十大提出，要加快发展数字经济，促进数字经济和实体经济深度融合，打造具有国际竞争力的数字产业集群。“十四五”时期，数字经济将继续快速发展、全面发力，成为我国推动高质量发展的核心动力。发展数字经济，推动数字产业化和产业数字化，亟须提升全民数字素养，增加数字人才有效供给，形成数字人才集聚效应，发挥数字人才的基础性作用，加快发展新质生产力。

2024 年，中央网信办、教育部、工业和信息化部、人力资源社会保障部联合印发《2024 年提升全民数字素养与技能工作要点》，指出 2024 年是中华人民共和国成立 75 周年，是习近平总书记提出网络强国战略目标 10 周年，是我国全功能接入国际互联网 30 周年，做好今年的提升全民数字素养与技能工作，要以习近平新时代中国特色社会主义思想为指导，以助力提高人口整体素质、服务现代化产业体系建设、促进全体人民共同富裕为目标，推动全民数字素养与技能提升行动取得新成效，以人口高质量发展支撑中国式现代化。

为紧密配合全民数字素养与技能发展水平迈上新台阶，推进数字素养与技能培育体系更加健全，进一步缩小群体间数字鸿沟，助力提高数字时代我国人口整体素质，支撑网络强国、人才强国建设，中国人事出版社组织国内权威的行业学会协会、高校、科研机构，由院士级专家学者领衔，联合推出“全民数字素养提升科普系列丛书”。

丛书定位于服务国家数字人才发展大局，推动数字时代数字经济和数字人才高质量发展；着眼于与社会人才需求同频共振，参与数字赋能、全员素养提升行动；着力于提升国家科技文化软实力，打造优秀科普作品。丛书聚焦人工智能、物联网、大数据、云计算、数字化管理、智能制造、工业互联网、虚拟现实、区块链、集成电路等数字技术领域，采取四色彩印形式，单书成册，以科普式的语言及图文并茂的呈现方式展现数字技术领域技术发展、职业发展、产业应用的全貌。

每本书均分为 4 篇，分别为数字知识篇、数字职业篇、数字产业篇、数字未来篇。数字知识篇采用一问一答的形式，问题由简入繁；数字职业篇围绕特定的数字经济领域介绍相关职业的由来、人才培养及促进高质量就业等情况；数字产业篇介绍数字技术在工业生产及人民生活中的应用发展；数字未来篇展现数字产业的前瞻性发展。

期待丛书的出版更好地服务于全民数字素养提升，激发数字人才创新创业活力，为数字经济高质量发展赋能蓄力。

目　　录

数字知识篇

在当今这个快速发展的时代，智能制造已经成为制造业革新的核心动力。数字知识篇将为我们揭开智能制造的神秘面纱。

第 1 课“未来制造是什么？”通过一问一答的形式，深入浅出地介绍了智能制造的概念与特征、智能制造与传统制造的区别、智能制造的起源与发展历程，解答了读者对智能制造最基本的疑问，使读者认识到智能制造带来的变化与价值。第 2 课“智能制造长啥样？”从智能制造体系架构出发，通俗易懂地介绍了智能制造的三大集成，使读者对智能制造实现方式形成清晰的概念。第 3 课“什么技术支撑智能制造？”关注智能制造核心技术，通过对其基本概念与应用场景的介绍，读者可直观地认识到智能制造技术是如何改变我们的日常生活的。

通过本篇的学习，读者不仅能够获得关于智能制造的全面认识，还能够洞察其对未来制造业发展趋势的深远影响。无论您是制造业的从业者，还是对智能制造充满兴趣的科技爱好者，本篇都将为您提供宝贵的知识。让我们一起跟随数字知识篇的脚步，深入探索智能制造的奥秘，共同畅想它为人类社会带来的更多可能吧。

未来制造是什么？

1. 什么是智能制造？

智能制造是基于新一代信息技术与先进制造技术深度融合，贯穿于设计、生产、管理、服务等制造活动的各个环节，具有自感知、自学习、自决策、自执行、自适应等功能的新型生产方式。智能制造具有以智能工厂为载体、以关键制造环节智能化为核心、以端到端数据流为基础、以网络互联为支撑等特征，可以有效缩短产品研制周期，减少资源能源消耗，降低运营成本，提高生产效率，提升产品质量。

智能制造不只是生产技术的革新，更是一种新的生产模式和生态。从设计研发到生产管理，再到销售与服务，智能制造贯穿了产品全生命周期的各个环节，且每个环节都与新一代信息技术，如人工智能、大数据、云计算、物联网等深度融合。通过图 1-1，我们将了解智能制造模式下产品的全生命周期。

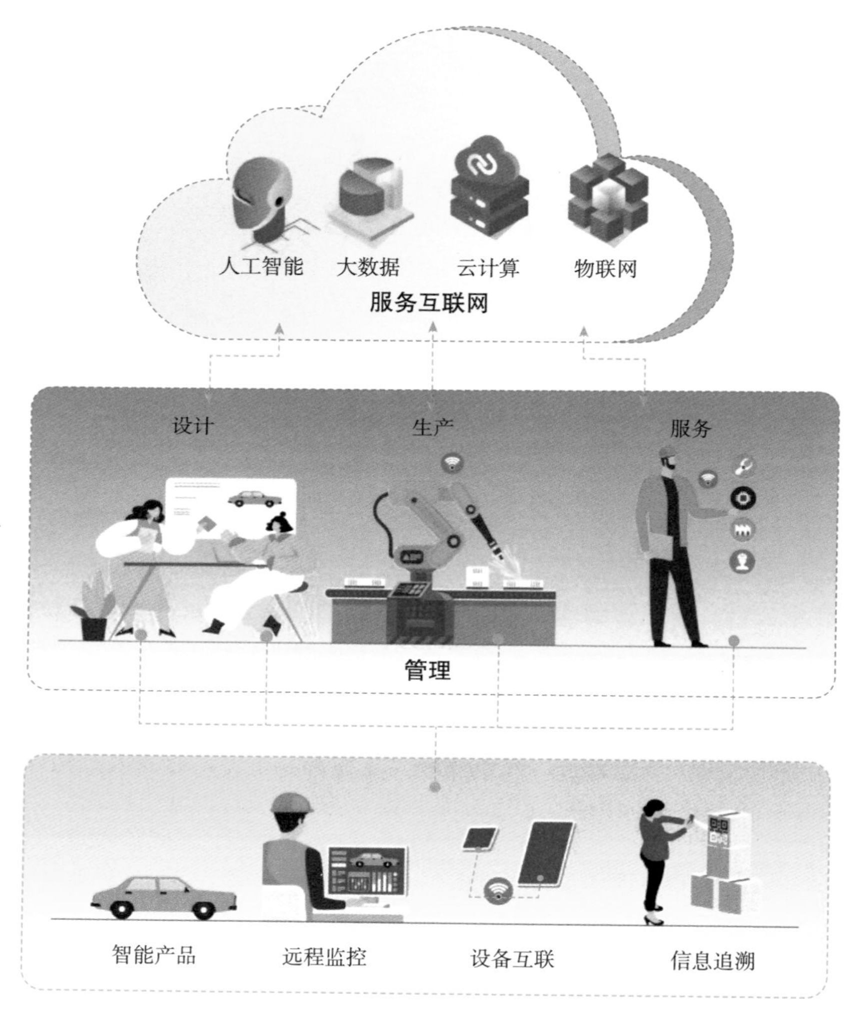

图 1-1　智能制造模式下产品的全生命周期

在智能制造时代，客户通过互联网直接给生产商下单。在产品的研发设计阶段，由客户提出需求，在生产商提供的产品配置范围内最大限度地个性化选择产品的外观、功能参数。客户提出的个性化需求被上传到云端的服务互联网，产品设计师便可以根据客户的需求对产品参数进行修改与完善，设计出符合客户需求的定制产品。在设计过程中，设计师可以使用新一代信息技术来辅助产品设计，提高设计的效率，缩短产品研制周期。例如，设计师可以利用 AI（artificial intelligence，人工智能）作图工具大量生成符合客户需求的产品草图，再借助大数据技术，筛选出最受欢迎的产品风格，最后通过云服务工具，使用各种绘图、建模软件，完成产品的模型图纸。客户也能通过云服务平台实时看到模型建立的过程，并提出修改的意见。智能制造确保了最终的产品模型是符合客户需求的。

设计师按照客户的需求完成模型的建立后，产品就进入了生成加工阶段。在智能制造时代，新一代信息技术和先进制造技术的融合使生产线、车间、工厂发生大变革，形成智能工厂。智能工厂是实现智能制造的重要载体，它不同于过去单一的实体工厂，是由现实世界的实体工厂与虚拟世界的数字工厂共同构成的。其中，实体工厂部署有大量的车间、生产线、加工装备等，为制造过程提供硬件基础设施与制造资源；虚拟数字工厂则运用数字孪生技术，在虚拟世界将实际的制造资源、加工设施及制造流程建成数字化模型。通过这种方法，工厂的技术人员可以在实际生产之前模拟生产过程，并在虚拟世界对生产模型进行优化，从而完善实体工厂的生产，降低资源能源的损耗，提高生产效率。

为了实现实体工厂与虚拟数字工厂之间的交互，在实体工厂不仅配备有先进的生产设备，例如工业机器人，还配备了大量的智能元器件，例如传感器和智能芯片，用于制造过程中生产信息和数据的采集与传递。生产信息被传递到虚拟世界的数字工厂中，让技术人员面对屏幕就可以了解车间的整体生产情况，就像童话故事中巫师可以通过水晶球“看见”过去、现在和未来一样，智能工厂中的技术人员也可以通过虚拟数字工厂知过往而鉴未来。在虚拟工厂中，借助人工智能技术，可以利用实时的生产数据预测未来的生产情况，再利用各种智能算法对制造过程进行不断的改进和优化，使得制造流程达到最优。在实际制造中，智能管理系统对制造过程进行实时监控，并按照数字工厂中的最佳方案对其进行调整，使得制造过程体现出自适应、自优化等智能化特征，降低制造过程中运营和维护的成本。关于智能工厂更具体的内容，我们将在第 2 课中继续讨论。

智能制造不仅关注产品的生产，更注重对客户的服务。在研发设计、生产等阶段，客户都可以参与其中。在研发设计阶段，客户可以个性化定制外观、功能等参数；在生产阶段，客户可以佩戴 VR（virtual reality，虚拟现实）眼镜参观智能工厂，监督产品的生产过程。当产品完工出厂发货后，得益于物联网以及服务互联网，在手机 App（application，应用程序）上可以实时看到商品的配送信息，这在我们的日常生活中已随处可见。

智能时代的产品作为服务客户的主体，具备各种提升客户体验感的功能。基于传感器与物联网技术，智能产品可以感知自身状态，将信息反馈给生产商和客户，便于客户了解产品的工作情况，也便于生产商进行预防性维修维护，出现问题也可以及时帮助客户更换配件。例如，对智能汽车各个部位的损耗情况进行监控，就能更早地发现车辆的安全隐患，及时维修，避免事故发生。

智能产品最为常见的功能莫过于设备互联，小爱同学、天猫精灵等语音助手，正是借助设备互联功能控制家中的空调、音响、电灯等，实现了家居智能化。设备互联还常见于智能穿戴设备，如智能运动鞋、智能眼镜、智能手表等。例如，智能手表通过传感器测量得到佩戴者的心率、步数、消耗热量等运动健康信息，借助物联网技术传递到手机上，帮助佩戴者全面实时地了解自身健康情况。

不仅如此，大多数智能产品还具有信息追溯的功能，通过在产品包装上附加二维码，方便客户了解产品本身的信息。例如，在药品的包装上设计二维码，病人只要扫码就能了解药品的生产日期、服用建议等信息，一定程度上降低了误食过期药品的风险，也可以解决遗忘药品服用剂量的问题。

此外，通过大数据技术收集到不同用户的使用情况与使用习惯，可以指导生产商进行产品优化及市场营销决策。例如，某品牌的一款手机颇受中老年人群的青睐，那么生产商就可以在推广的时候贴上“中老年神机”的标签，并在后续的型号迭代中注重优化适合中老年人群的功能，例如简单直接的交互界面、共享定位等。又如，我们平时使用手机购物 App 时，经常会收到系统推送的一些自己感兴趣的商品，这也是因为大数据和人工智能算法通过我们的日常消费数据分析出了我们的喜好。

物联网、大数据、人工智能等信息技术是支撑智能制造的关键技术，在第 3 课我们将进一步解释这些技术的具体情况。

2. 智能制造有什么特征?

前面我们提到，智能制造具有以智能工厂为载体、以关键制造环节智能化为核心、以端到端数据流为基础、以网络互联为支撑的特征，也简单介绍了智能工厂及各个环节的智能化，那么，什么是端到端数据流呢?端到端数据流是指从数据源开始到最终用户或目标系统为止的完整数据流。数据在传递的过程中经过多次处理，从原始状态转化为有用信息，直到被最终用户利用。在生产过程中会产生大量的数据，如订单数量、库存数量、原料数量、加工时间、物流时间、产品成本等，这些数据来源于各个设备，流经管理系统后，由智能算法对其进行加工处理，得到用于指导生产的信息，如加工顺序、发货顺序等。这些信息将会继续流向其他的设备或系统，使生产有序进行。如图 1-2 所示，在数据的传递过程中，不同的设备与系统之间要通过网络来进行通信，实现智能工厂的数据流通，这就是所谓的以网络互联为支撑。

除了以智能工厂为载体、以关键制造环节智能化为核心、以端到端数据流为基础、以网络互联为支撑这四大特征，智能制造还具有自感知、自学习、自决策、自执行、自适应这五个“自”的典型特征。如何理解这五个“自”呢?“自”意味着机器的自发、自动，不需要人来指导。“自感知”指无须人告诉机器其自身状态与环境的情况，机器自动识别自身的位置、姿态、运动轨迹以及周围环境等信息;“自学习”指无须人教授机器知识与方法，机器会从已有的数据中学习并自我调整，改进自身的性能与表现;“自决策”指无须人

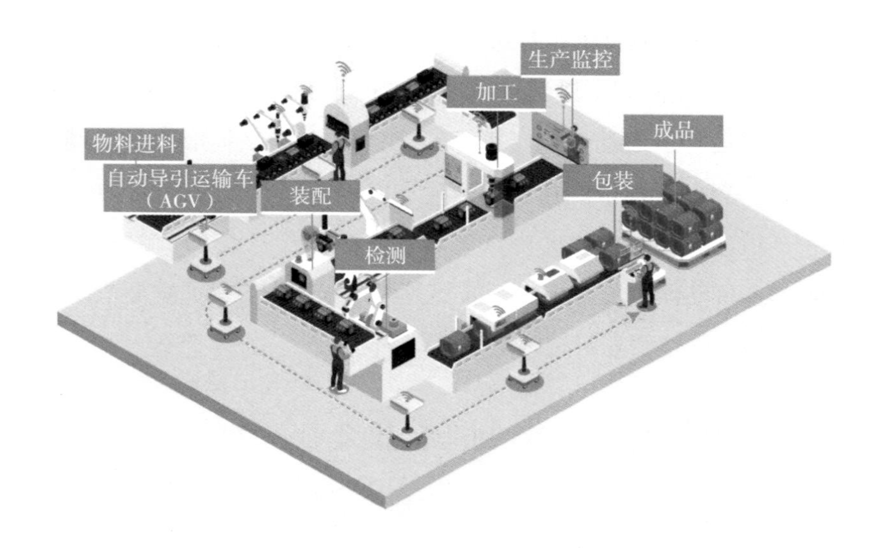

图 1-2　智能工厂网络互联

为机器配置应对不同问题的策略，机器会根据已有的数据，判断当前的状况并自发地作出选择；“自执行”指无须人按下机器的执行按钮，机器会根据设定好的程序，自主完成一系列操作与任务；“自适应”指无须人根据变化调整参数，机器根据环境变化以及任务的要求，自动调整自身的行为和策略，以适应不同的情况与任务。

要做到这五个“自”，对于人类来说是非常简单的事情。例如，端一杯水，人通过眼睛看到水杯在哪儿（自感知），用手握住杯柄（自决策，选择握住杯柄而不是杯身），端起水杯（自执行），孩子通过观察父母端水杯的动作可以掌握相同的动作（自学习），而面对不同形状、不同材质、不同摆放方式的杯子，人们会采取不同的握持方式（自适应）。而对于机器来说，要做到这些并不容易。机器需要自动识别水杯的坐标位置、水杯的外形、高度、材质等（自感知），需要判断如何抓起水杯、握杯柄还是杯身等（自决策），然后完成抓取杯子的动作（自执行），在一次又一次抓取水杯的过程中，机器会完善抓取的角度、速度、准确度（自学习），针对不同杯子，机器在数据库中会筛选出最合适的抓取方式（自适应）。这一整套连贯动作的决策与执行需要各种数据作为支撑，需要借助大数据分析、人工智能等技术来实现。

3. 智能制造与传统制造有什么不一样?

智能制造更新了传统制造中自动化的概念，使制造变得自主化、智能化和高度集成化。智能制造与传统制造的区别主要体现在产品的设计、加工、管理及产品服务等几个方面，详见表 1-1。

表 1-1　智能制造与传统制造的区别

制造类型 / 环节	传统制造	智能制造
设计	常规产品； 面向功能需求设计； 新产品研发周期长	虚实结合的个性化设计，个性化产品； 面向客户需求设计； 数字化设计，研发周期短，可实时动态调整
加工	加工过程按计划进行； 半智能化加工与人工检测； 生产组织高度集中	加工过程柔性化，可实时调整； 全过程智能化加工与在线实时监测； 生产组织方式个性化

续表

环节＼制造类型	传统制造	智能制造
加工	人机分离； 减材加工成形	网络化过程实时跟踪； 网络化人机交互与智能控制； 减材、增材等多种加工成形方式
管理	人工管理为主； 企业内部管理	计算机信息管理系统； 机器与人交互指令管理； 延伸到上下游企业
产品服务	产品本身	产品全生命周期

（1）智能制造的设计与传统制造有什么不一样？

智能制造和传统制造在设计环节的区别在于智能制造倾向于采用数字化设计和仿真技术，以及与物联网和大数据相关的技术。这使得智能制造能够更快速、灵活地进行产品设计和优化，并且能够更好地与生产环节进行集成。传统制造则更侧重于手工设计和经验积累。

智能制造时代的设计理念与使用价值观发生了改变，进而推进了产品功能的改变。传统制造的产品设计通常是面向功能需求的设计，即产品的设计基于其功能和性能的需求来进行；而智能制造的设计强调个性化、定制化，在满足基本功能与性能的同时，根据客户的需求进行设计的延伸。例如，传统的汽车厂商专注于汽车的安全性、速度、排量、内部空间大小等基本性能参数，为客户提供的定制选项往往局限于预设的几种颜色；而智能制造模式下的汽车厂商，不仅可以提供更丰富的外观、内饰定制，而且注重智能集成，提供自动驾驶、智能感应等智能化功能，使客户获得更好的使用体验。

智能制造时代的设计方式与设计手段也有很大的改变。几十年前工程师造火箭时的图纸是拿着尺子丈量，一笔一笔绘制出火箭设计图；而在智能制造时代，设计师可以使用各式各样的平面建模软件、三维建模软件完成不同类型的模型设计。在设计过程中，设计师还可以借助大数据、云计算、人工智能等新一代信息技术进行辅助，譬如在初稿阶段，使用 AI 进行多种草图的设计，以提高设计的效率。

传统制造在设计阶段需要对制作产品的原型进行测试与验证，并根据测试结果进行修订与优化，经过反复改进，最终确认设计方案后才能投入生产。这一漫长的过程，在智能制造时代将被大幅缩短。首先，得益于配备有智能算法的专业建模软件，设计师可以在建立数字化模型的同时，借助大数据分析和仿真技术对产品模型进行模拟测试。例如，利用智能算法模拟汽车的重心是否合适，进行仿真碰撞试验，判断发生碰撞时是否安全。其次，利用增材制造技术，即人们熟知的 3D 打印技术，可以快速地生产出高精度的原型产品，进行实体模型的快速验证与迭代设计。此外，由于产品设计使用的是数字化模型，客户可以更便捷地对产品的模型提出修改意见，实现设计的动态改变。智能制造时代的数字化设计，缩短了研发周期，提高了客户的满意度。

（2）智能制造的加工与传统制造有什么不一样？

智能制造与传统制造在加工阶段的区别在于，智能制造通过新一代信息技术与先进制造技术的应用，使生产加工实现智能化，具有分布式的特点，相比传统制造提高了生产效率与产品质量。

传统制造在加工时通常采用手工操作或半自动化设备加工，加工过程严格按照生产计划进行。这是因为半自动化流水线的加工设备依照设定的程序运行，由技术工人或传送带按工序运输生产资料至每个加工环节。其中，一部分传统工业机器人无法完成的操作，往往需要人工手动操作完成，由于传统的机器人不具备感知能力，因此质量检测的工作也必须由相关技术人员负责。

在智能工厂中，应用了先进技术的新型工业机器人能够更好地完成各个环节的工作。机器视觉技术就像给机器人添加了火眼金睛，使机器人能够识别产品质量的好坏。得益于物联网与大数据技术，人与机器、机器与机器之间能够互相通信，生产不局限于固定的流水线，可以根据生产需求调整不同工序的工作。

以沙发的生产加工为例。在传统的家具生产工厂中，生产线通常是线性和固定的：首先是设计确认，然后是材料切割，接着是组件打磨，之后是组装，最后是涂装和包装。每个环节都有固定的顺序和批次，如果某个环节出现问题，如组装工站因为设备故障而暂停，那么后续的涂装和包装工作也必须等待，导致整个生产线停滞。

而在智能工厂中，生产组织更加灵活和动态。智能工厂实现了高度的自动化和信息化，可以实时监控生产线上的各个工站状态，并根据实际情况动态调整生产流程。如果组装工站出现故障，智能工厂的管理系统可以实时调整生产计划。那些已经完成打磨的家具部件可以先进行涂装，因为涂装工站是独立的，不必非要在组装之后进行。当组装工站恢复运行后，那些已经涂装的部件可以迅速回到组装工站进行组装。加工顺序的调整避免了生产的停滞，提高了生产效率。

（3）智能制造的管理与传统制造有什么不一样？

智能制造与传统制造在管理上的区别在于，传统制造依赖人工，而智能制造采用由物联网、大数据、人工智能算法等技术支持的智能管理系统，更高效准确地管理调度制造的全过程。例如，传统工厂的生产资料和生产工具往往需要人工进行盘点确认数量，由人工检查是否有损耗并进行维护；而智能制造工厂的生产资料和生产工具通过物联网向管理系统传递信息，数据更加准确，同时也能对加工设备进行预测性维护，提前发现故障并处理。

相比传统制造，除了流水线上的管理，智能制造更打通了上下游企业之间的交流，通过物联网，协调上下级供应商之间的物料管理与物流运输，实现更高效精确的生产管理。

（4）智能制造的产品服务与传统制造有什么不一样？

传统制造为客户提供的往往只有产品本身，产品加工完成交付到客户手中后，除非由于质量问题需要进行售后服务，厂商与客户的联系将就此终止。

智能制造注重将产品的服务扩大到产品的全生命周期，客户在研发设计环节就可以参与进来，在产品交付之后，厂商也能通过物联网、大数据技术进行远程监控与维护，帮助客户提前发现产品的问题，使客户有更好的使用体验。

4. 智能制造从何而来?

智能制造的提出源于人工智能在制造领域的应用研究。自1956 年，麦卡锡等四位学者在美国首次提出“人工智能”这一术语后，人工智能技术的发展和应用经历了多次高潮和低谷。人工智能的发展经历了推理期、知识期、学习期等时期，到今天又出现了新的研究热点：大数据智能、人机混合增强智能、群体智能、跨媒体智能等。

在人工智能研究的基础上，智能制造被认为是应对制造业在第四次工业革命中的主题与难题的关键。1988 年，美国出版了《智能制造》一书，首次提出了“智能制造”的概念，认为智能制造的目的是通过集成知识工程、制造软件系统、机器视觉和机器控制等技术，对制造技术工人的技能和专家的知识进行建模，以使智能机器人在没有人工干预的情况下进行小批量生产。

在“智能制造”概念提出不久后，智能制造就获得了欧、美、日等发达国家和地区的普遍重视，各国围绕智能制造技术和智能制造系统开始进行国际合作研究。1991 年，日本、美国、欧盟共同发起实施的“智能制造国际合作研究计划”中提出，智能制造系统是一种在整个制造过程中贯穿智能活动，并将这种智能活动与机器有机融合，将整个制造过程从订单生成、产品设计、生产到市场销售等各个环节以柔性方式集成起来的，能发挥最大生产力的先进生产系统。

进入21世纪以来，随着物联网、大数据、云计算等新一代信息技术的快速发展及应用，智能制造被赋予了新的内涵，即新一代信息技术条件下的智能制造。2010年9月，在华盛顿举办的21世纪智能制造研讨会上提出，智能制造是对先进智能系统的强化应用，其使新产品的迅速制造、产品需求的动态响应及对工业生产和供应链网络的实时优化成为可能。

2018年，周济院士在其报告中提出，智能制造是一个不断演进发展的大概念，是先进制造技术与先进信息技术的深度融合，贯穿于产品设计、制造、服务等全生命周期的各个环节及相应系统的优化集成，旨在不断提升企业的产品质量、效益和服务水平，减少资源消耗，推动制造业创新、协调、绿色、开放、共享发展。

5. 智能制造的发展经过了哪些阶段?

如图1-3所示，根据智能制造数字化、网络化、智能化的基本技术特征，智能制造可归纳为三种基本范式：

数字化制造——第一代智能制造；

数字化、网络化制造——“互联网”制造或第二代智能制造；

数字化、网络化、智能化制造——新一代智能制造。

这三种基本范式也是智能制造发展的三个阶段。在这三个阶段中，数字化、网络化和智能化有着不同的特点及内容。

（1）数字化制造阶段有什么特点?

智能制造的提出与发展伴随着信息化发展的历程。从20世纪

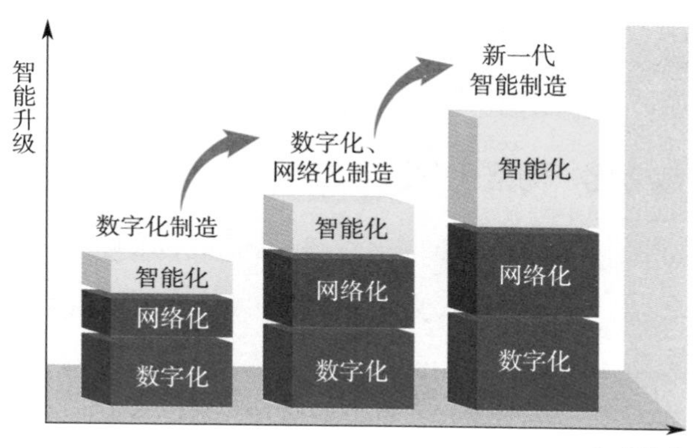

图 1-3　智能制造发展的三个阶段

中叶到 20 世纪 90 年代中期，信息化表现为以计算、通信和控制应用为主要特征的数字化阶段。

在智能制造的数字化阶段，制造企业开始广泛应用数字化技术，这引发了制造业的重大变革。数字化技术被用于产品设计、生产过程和管理决策，使得制造企业能够更快、更准确地生产出满足客户需求的产品，从而提高了制造效率和产品质量。此外，这个阶段的智能制造也开始呈现网络化和智能化的特点。网络化主要体现在人和机器之间的信息交互，通过手动或自动方式收集生产数据，为后续的信息管理提供基础；智能化主要体现在对智能化理论和技术的研究，但大部分还处于理论研究阶段，尚未广泛应用于生产实际。

例如要制造一款手机。在数字化制造阶段，我们可以先使用 CAD（计算机辅助设计）软件设计手机的外观和内部结构，然后使用 CAE（计算机辅助工程）软件进行仿真模拟，优化手机的性能。为了更精确、高效地生产手机这类高精度的电子产品，我们可以使用数控机床、自动化装配线等加工设备，在计算机的辅助下加工和组装手机零件。

（2）数字化、网络化制造阶段有什么特点？

从20世纪90年代中期至今，随着互联网的普及应用，智能制造进入了以“万物互联”为主要特征的数字化、网络化阶段。

在智能制造的数字化、网络化阶段，互联网技术开始广泛应用于制造业，“互联网+”的概念被提出，形成了“互联网+制造业”的生产模式。网络将人、流程、数据和事物连接起来，使得企业内部和企业之间可以更好地协同工作，共享和集成资源，改变了制造业的价值链，进而推动制造业的转型升级。数字化体现在，计算机技术、通信技术、控制技术深度融合协作，使人可以实时监控制造系统的生产状态，并进行动态控制。网络化体现在，物物相连，实现了生产信息的自动采集，信息可以在人与机器、机器与机器之间流通。

数字化、网络化阶段基于数字化阶段，以网络技术为支撑，以信息为纽带，实现了人、现实世界和虚拟世界的深度融合。这一阶段最主要的技术发展就是CPS（cyber-physical systems，信息物理系统）技术的应用。前面我们提到，智能制造的生产环节由物理世界的实体工厂和虚拟世界的数字工厂两部分组成，它们之间可以互相传递信息。CPS技术就是实现实体工厂数字化的技术，就像一面镜子，镜子里的虚拟世界是镜子外现实世界的影像，但与镜子不同的是，虚拟世界的一举一动可以反馈到现实世界，实现虚实结合。

仍以手机制造为例。在数字化、网络化阶段，基于互联网技术诞生的物联网实现了生产设备之间的联通，技术人员可以更方便地控制设备，还可以实时监控手机主板、电池、屏幕、外壳等零件的库存数量，协调生产计划。借助图像识别功能，机器可以辅助判断加工过程中的手机零件是否存在缺陷，例如判断手机外壳是否存在溢胶、划痕等瑕疵。此外还可以使用 3D 打印方法快速得到手机外壳的模型，便于设计人员调整手机握持的舒适度等参数。

（3）数字化、网络化、智能化制造阶段有什么特点？

随着新一代信息技术的发展，新的人工智能技术出现，对制造业产生了很大的影响，产生了智能制造的第三个范式，即“数字化、网络化、智能化制造”。人工智能技术与先进制造技术的深度融合，形成的新一代智能制造成为新一轮工业革命的核心驱动力。

新一代智能制造系统最本质的特征是其信息系统增加了认知和学习的功能。就像人通过学习来获取知识和技能一样，这些系统通过深度学习、迁移学习和增强学习等先进技术来学习制造领域的知识。这意味着制造系统能够更快地学习如何生产新产品和如何解决问题，并且能够把这些知识传递给其他系统。这样的系统不仅能够更快地创新，还能提供更好的服务。

在这个阶段，新一代人工智能技术会使人—信息—物理系统发生质的变化，形成新系统，它主要的变化在于两个方面：人与信息系统的关系变化和人机深度融合。

第一，人将部分认知与学习型的脑力劳动转移给了信息系统，因而信息系统具有了认知和学习的能力，人和信息系统的关系发生了根本性变化。例如，设计师在设计一款新产品时，可以利用人工智能和机器学习技术进行设计优化。这些技术可以自动分析大量的设计数据，学习和理解设计规则，然后提出优化建议。设计师不再需要进行烦琐的数据分析和计算，而是可以专注于创新和决策，这就是从“授之以鱼”发展到了“授之以渔”。

第二，通过“人在回路”的混合增强智能，人机深度融合将从本质上提高制造系统处理复杂性、不确定性问题的能力，极大提高制造系统的性能。例如，在生产线上，工人可以与智能机器人协同工作，共同完成复杂的装配任务。机器人可以执行精确和重复的操作，工人则可以处理复杂和不确定的情况，如故障诊断和问题解决。这种人机深度融合不仅提高了生产效率，也提高了生产质量和灵活性。

新一代智能制造进一步突出人的中心地位，是统筹协调人—信息—物理系统的综合集成大系统，使人从繁重的体力劳动和简单重复的脑力劳动中解放出来，让人可以从事更有意义的创造性工作，人的思维进一步向互联网思维、大数据思维和人工智能思维转变，信息系统开始进入智能时代。

智能制造长啥样?

1. 智能工厂长啥样?

智能制造给传统工厂带来了巨大的变化，随着信息化革命的不断推进，机器设备、人员和产品等制造要素不再是孤立的个体，它们通过工业物联网紧密联系在一起，形成了更为高效的制造系统。

智能工厂利用先进的信息技术、数字化技术以及自动化技术，通过纵向集成，实现了生产过程智能化、高效化、柔性化的制造环境。纵向集成涵盖了从原材料采购到产品销售的整个价值链，使得整个生产过程更为协同一体，各个环节之间能够更紧密地协作和交流信息。

下面我们将介绍理想的智能制造工厂与传统的工厂之间有哪些区别。

如图 2-1 所示，进料仓库通过传感器等实时监测物料库存情况，使智能工厂的供应链管理系统能够根据生产计划、市场需求和物料库存水平，实时调整供应链的物料采购和供应计划。

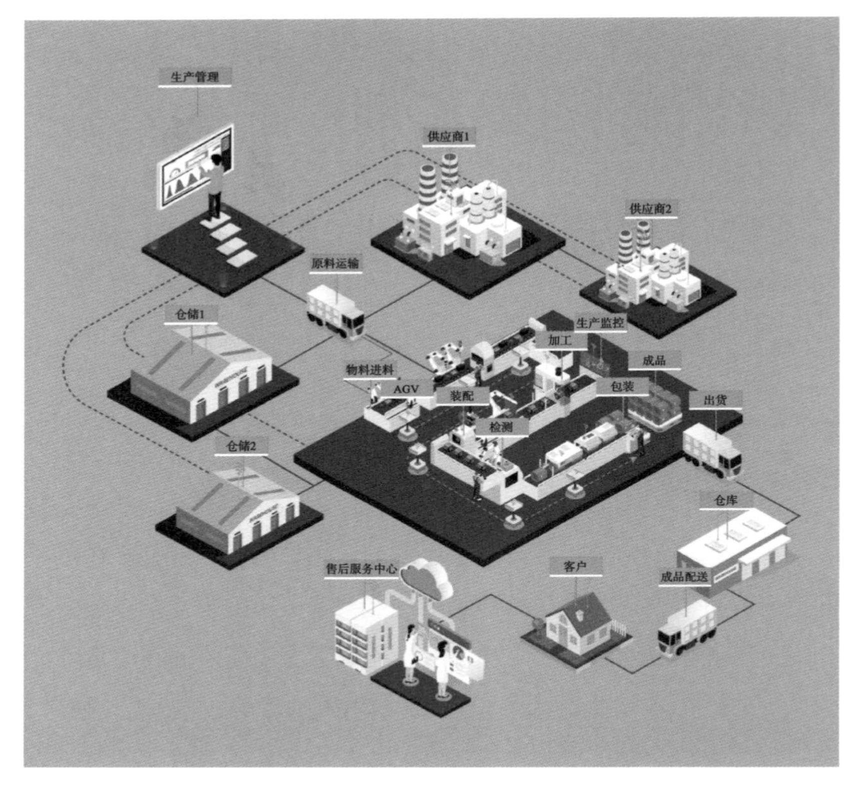

图 2-1 智能工厂

传统的配送方式包括固定轨道输送、传送带输送、车辆运输和人工搬运等，这些方式存在工作效率低、完成度差、安全保障不足等问题。在智能工厂中，主要采用 AGV（automated guided vehicle，自动导引运输车）作为运载工具（见图 2-2）。AGV 以其精准高效的运输、易于管理和调度、劳动安全保障等优点，在制造领域得到广泛应用。

如何实现 AGV 小车的精确导航呢？首先，生产管理系统通过物联网给小车传递目的地信息，在运输过程中，可以使用磁带导航的方法，在工厂地面贴上磁带，AGV 小车通过检测磁带来识别方向和路径，就像火车在铁轨上行驶一样。除了给 AGV 小车提供轨道，还可以为其配置摄像头，通过图像识别技术来识别路标或地面标记。此外，AGV 小车还配备有碰撞检测传感器，确保在导航过程中不会与障碍物或人员发生碰撞。通过这些方法，AGV 小车能够在复杂的工厂环境中准确导航前往各道工序，实现高效、灵活的物流运输。

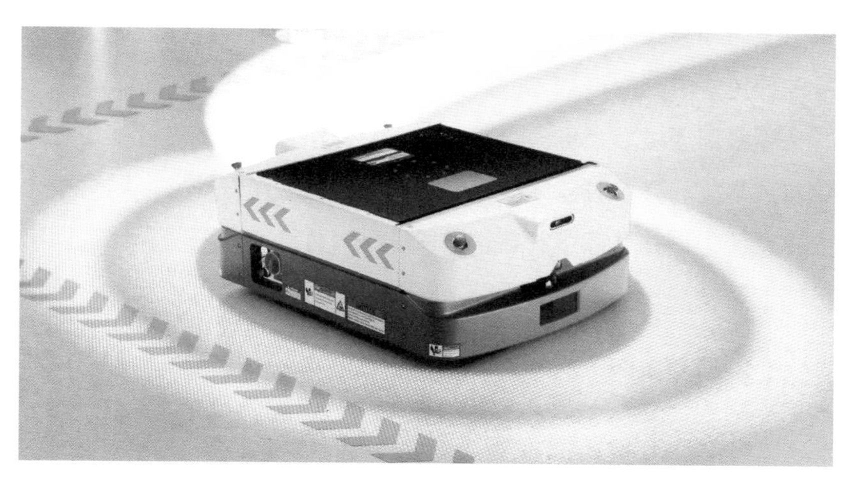

图 2-2　AGV 小车

智能工厂也实现了对产品使用情况的实时反馈。产品在使用过程中，通过物联网传感器收集的数据被传回生产厂家，这种反馈机制帮助厂家及时了解产品的性能、故障情况，实现了更快捷的售后服务和产品改进。这种智能化的生产模式使工厂实现了更高的生产效率、更严密的质量控制和与用户更紧密的互动。例如，生产线上的传感器可以实时监测设备运行状态，及时发现并解决潜在问题，提高生产效率。

质量管控在智能工厂中也得到了全方位的强化，覆盖了生产的每个阶段。过程质量管控的引入确保了生产过程每个环节的质量可控，通过实时监测和调整，最大限度地提升了产品的质量。

智能工厂出厂产品的信息呈现更为全面，包括性能、功能、加工信息等。每个产品都附带详细的产品说明书，不仅有纸质版，还有电子版和视频形式，使用户能够更全面地了解产品特性，提升产品的使用体验。

零售商通过数字平台与智能工厂的订单管理系统进行连接。当接收到零售商订单时，订单信息自动传输到生产管理室，触发相应的生产流程，并且订单状态、发货信息等可以实时更新，提高供应链的透明度。

海尔智能工厂

截至2022年，海尔集团已在全球拥有133座智能工厂。海尔智能工厂主要包括以下几方面的应用：智能设备、智能生产线、智能物流和智能质检等。

（1）智能设备。海尔智能工厂采用了一系列智能化的生产设备，主要包括各种机器人、AGV小车、智能传感器和智能仓库等。这些智能设备的运用不仅提高了生产效率和质量，还降低了工伤风险。例如，智能传感器可以监测设备的运行状态，通过智能算法，基于设备目前的运行情况，可以对设备的使用寿命进行预测，提前对有可能出现损耗、故障的设备进行维修或更换，避免因故障导致停工，提高了设备利用率和生产效率。

（2）智能生产线。海尔智能工厂通过引入智能制造技术，实现了生产线的数字化和智能化。生产线上的各个环节通过物联网技术联通，形成高度协同的生产流程。智能生产线能够根据订单需求和实时生产状况进行灵活调整，使一条生产线能够制造多种产品，例如不同颜色、匹数的空调，以满足客户的个性化需求，同时也能避免过多的产品囤积，实现绿色化生产。

（3）智能物流。海尔智能工厂在物流管理方面应用了智能技术。通过物联网和传感器技术，实现了对物流过程的实时监控和优化，覆盖了原材料的采购、运输、仓储和成品的配送等环节。同时，海尔智能工厂首创的5G（第五代移动通信技术）智慧立体仓库，实现了对物品自动化的智能检索。

（4）智能质检。海尔智能工厂在质量控制方面实现了智能质检。通过视觉识别、智能传感等技术，实现了对产品质量的实时监控和检测。智能质检系统可以自动识别和剔除有缺陷的产品，提高产品质量水平，显著减少人工质检的工作量。同时采用大数据技术，通过将生产过程中的各种数据进行汇总和分析，自动识别生产过程中的问题和异常情况，进行智能化的决策和调整，提高了质量的稳定性。

2. 智能制造的价值网络有什么不一样?

价值网络是指由多个相互关联的组织或企业构成的网络。这些组织通过协作、合作和信息共享等方式，共同参与生产过程，协同为用户创造价值，以实现共同的商业目标。在价值网络中，各个组织相互依存，彼此之间的合作关系对于整个网络的成功至关重要。

智能制造技术对价值网络的整合产生了深远影响。传统的价值网络通常由独立运营的企业构成，具有信息孤岛、反应迟缓、资源浪费、合作困难等缺点。引入智能制造技术，可以有效改善传统价值网络的缺陷，促使企业更好地适应现代市场的需求，提高整个价值网络的效率和竞争力。

如图 2-3 所示，在传统汽车生产线中，尽管自动化和信息化水平已经相当高，但产品生产仍需遵循严格的工艺流程，按顺序完成底盘、外壳、轮胎、内饰的加工和装配后成品出厂，生产组织高度集中。一旦某一工位发生故障，就可能导致整个生产过程停滞。未来的汽车生产线将呈现非固定的特点，每个工位都将拥有多种功能。产品能够根据实际的生产状况，例如生产成本、工作负荷和设备状态等，灵活地选择加工工位。即便某一工位发生故障，生产线也能保持运转，而且能够实现个性化生产。如果汽车的底盘和外壳装配完成后，加工轮胎的工站仍处于工作状态，为了避免生产的停滞，汽车将被运输至空闲的加装内饰的工站，先加装内饰，再装配轮胎。这种新型生产线的灵活性和智能性，避免了加工的停滞，提高了效率，让整个汽车制造过程更为灵活，为未来的汽车工业带来了更大的创新可能性。

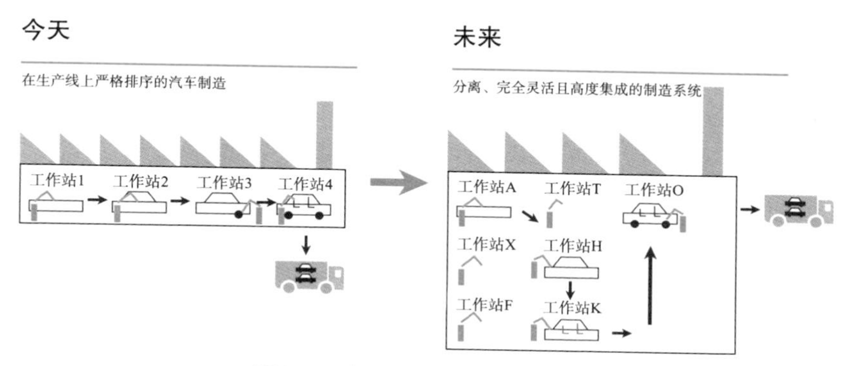

图 2-3　汽车生产线的价值网络变化

智能制造技术在实现价值网络的信息共享方面发挥着关键作用，借助物联网技术，企业能够将各个环节的设备和产品连接起来，实时共享数据和信息，形成了一个高效的信息交流网络。这意味着不同企业之间可以实时共享关键信息，从而有效减少信息传递的延迟和误差，大大提高整个网络的响应速度和准确性。

智能制造技术还能够促成价值网络的资源整合，实现资源的高效共享和交换。通过实时数据分析和预测，使企业能够更好地优化资源配置。通过了解市场需求和生产效率，企业可以调整生产计划，避免资源过剩或短缺，实现资源的高效利用和合理分配。

如图 2-4 所示，在智能制造中，以价值网络为中心实现了横向集成，将供应商、公司、设计人员、客户以及管理和计划人员联系起来。这种集成为整个生产系统带来了革命性的创新。通过云计算等技术实现了信息实时共享，使得各方能够即时了解整个价值网络的状况，从而使决策更加迅速、准确。这种集成也让协同设计和生产成为可能，设计人员在数字化平台上协同工作，实现了设计文件的即时更新和共享，提高了产品设计和生产的效率。同时，智能制造通过区块链等技术提高了供应链的透明度，各参与者能够实时查看物料流动、订单状态、生产进度等信息，降低了信息不对称和延误的风险。

图 2-4　智能制造的价值网络

大数据分析和人工智能的应用也使得管理和计划人员可以更准确地预测市场需求和生产状况，实现智能化的生产计划和资源调配。例如，服装制造商可以通过各大电商平台的搜索数据以及订单成交数量，了解当前流行的服装风格，并有针对性地进行产品的设计以及制造管理，将冷门产品的生产资源转移到热门产品上，减少库存的积压，提高订单完成效率。同时，更加灵活的生产过程可以更好地满足客户的个性化需求，使客户能够参与设计和定制的过程，提升客户满意度。目前市面上已有众多小商品生产商支持客户在产品外观上使用自定义图案，比如带有定制图案的水杯、围巾、鸭舌帽、手机保护壳等。试想一下，当有更多制造商支持用户个性定制的时候，我们每个人所穿的衣服和运动鞋、携带的背包，甚至是手机，都可以印上带有个人鲜明标签的图案或文字，每个人所拥有的产品都是独一无二的。最重要的是，通过物联网技术，产品使用情况能够实时反馈给生产厂家，为产品优化和服务的持续改进提供数据支持，实现了生产和服务的反馈闭环。这种智能制造的集成模式为供应链管理、生产过程、设计等带来了多维度的创新，提升了整个价值网络的效率和灵活性。

3. 什么是端到端集成?

端到端集成是指贯穿整个价值链的工程化数字集成，是在所有终端数字化的前提下实现的基于价值链的不同企业之间的一种整合，这将最大限度地实现个性化定制。

端到端集成是把所有该连接的端点都集成联系起来，通过价值链上不同企业资源的整合，实现产品设计、生产制造、物流配送、使用维护的产品全生命周期的管理和服务。端到端的集成既可以是内部的纵向集成，也可以是外部的企业与企业之间的横向集成，其重点在于流程的整合，比如客户订单的全程跟踪协同流程就是客户、企业、第三方物流售后服务等产品全生命周期服务的端到端集成。如图 2-5 所示，客户订单的全程跟踪协同流程，包括了提供客户下订单的 App 或平台，满足个性化需求，使客户全程体验产品生产过程，提供个性化服务及远程监控与维护。整个流程从客户下订单开始，一直延续到客户使用产品后的维护，从客户中来，到客户中去，因此，智能制造的端到端集成也可称为最终用户模式。这种服务模式注重高度个性化和定制化的生产，以及更加智能、灵活的制造过程。

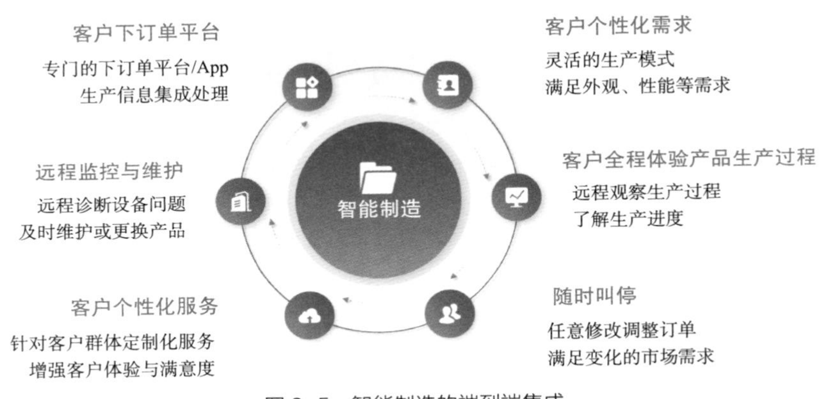

图 2-5　智能制造的端到端集成

那么，最终用户模式能为客户带来什么呢？下面以 Stratasys 公司为例，让我们来看一看这家全球领先的 3D 打印企业是如何实现端到端集成，为客户提供优质服务的。

首先，在智能制造模式中，专门的下订单平台使得客户能够方便快捷地选择产品规格、提交订单，并跟踪生产和交付的整个过程，提高了客户操作的便利性和参与度。Stratasys 为客户提供了在线服务平台，针对 3D 打印设备、3D 打印材料、3D 打印配套软件或是定制 3D 打印产品，都给出详细的分类与介绍，便于客户了解产品并下订单。同时平台也能根据订单内容自动估算价格并预计交货时间。

我们前面已经介绍过，智能制造企业注重满足客户的个性化需求，通过数字化技术和智能生产系统，企业能够灵活调整生产线，根据客户的具体要求生产定制化产品，提高了客户满意度和产品的市场竞争力。3D 打印的核心优势之一就是客户能够在符合实际生产的范围内，最大自由度地设计 3D 打印模型，从航空航天到生物医疗，再到个人用户，无论是航天飞机的零件、医疗所需的人体组织，还是个人设计的玩具模型，利用 3D 打印技术都能制造出来。当然，除了定制的 3D 打印产品，Stratasys 也能为各种规模、需求的制造商或个人提供采用不同的 3D 打印技术、尺寸、材料等各种类型的 3D 打印机。

除此之外，通过应用物联网与大数据技术，智能制造工厂内部的生产过程变得透明可见，使客户能够了解产品生产的全过程。基于 VR 和 AR（augmented reality，增强现实）等互动技术的开发与使用，客户甚至有机会远距离全程体验生产过程。这种互动体验不仅提升了客户对产品的认知，也增加了客户参与制造过程的乐趣感，提高了品牌忠诚度。尽管 Stratasys 尚不支持通过 VR 技术远程参观工厂，但客户能够通过在线平台观看可视化的定制模型生产过程，了解生产进度。

智能制造支持生产过程中随时叫停，这意味着客户可以在任何时候调整订单、修改产品规格，甚至中途停止生产。这种灵活性有助于更好地满足变化多样的市场需求。对于多部件组合的产品，生产商支持加工开始后进行订单的部分修改，如在产品涂装之前进行颜色的修改。而对于整体性更强的 3D 打印产品，如果客户需要更改设计，只要生产尚未开始，通常支持停止任务、修改订单并重新排队。

智能制造模式始终强调提供个性化的服务。通过数据分析和人工智能技术，企业可以更好地了解客户的喜好和需求，为其提供定制化的服务，从而提升客户体验感和满意度。Stratasys 关注多个行业，包括制造、医疗、航空航天等，基于大数据和人工智能技术分析不同行业的发展现状与产品需求，使提供的 3D 打印解决方案适用于不同的应用场景。此外，通过一对一专家咨询，生产商能够更明确客户的个性化需求，提供更有针对性的服务。

针对 3D 打印产品，Stratasys 为客户提供了定制的后处理服务，比如打磨、涂装或其他表面处理，满足客户对产品外观和性能的特定要求。Stratasys 还提供与其硬件产品配套的先进软件解决方案，包括用于设计、仿真、预处理和打印控制的软件，支持客户自定义产品的设计与打印流程。

端到端服务一直延续到售后，包括对产品的远程监控和维护。通过产品上的各传感器，产品的使用情况被记录下来，并通过网络传递到生产商和客户端，便于生产商远程诊断设备问题，及时提供维护服务或建议。Stratasys 为客户提供全球范围的服务和支持，包括培训、维护和技术支持。这种服务体系确保了客户在使用 Stratasys 的产品时能够得到及时和全面的支持。

总体而言，智能制造的最终用户模式旨在提供更加个性化、灵活、高效和可持续的生产方式，以满足不断变化的市场需求，并使生产过程更为智能化和协同化。

什么技术支撑智能制造?

1．物联网——智能制造如何实现网络联通?

（1）什么是网络?

首先我们要知道什么是网络。网络通常指的是 Internet，意思是互联网，根据音译也被叫作因特网，是网络与网络之间所串联成的庞大网络。这些网络以一组通用的协议相联，形成逻辑上的单一且巨大的全球化网络。在这个网络中，有交换机和路由器等网络设备、各种不同的连接链路、种类繁多的服务器和数不尽的计算机及其他终端设备。

网络最初是为军事和科研服务的，随着个人计算机的普及，接入网络的主机数量迅速增加，越来越多的人把互联网作为通信和交流的工具，一些公司还陆续在网络上开展商业活动。随着互联网的商业化，其在通信、信息检索、客户服务等方面的巨大潜力被挖掘出来，使互联网有了质的飞跃，并最终走向全球，成为信息社会的基础。

互联网实现了信息的即时传递，可以将信息瞬间发送到千里之外的人手中，甚至在全世界范围内分享；互联网汇聚了来自全球的信息资源，使“秀才不出门，能知天下事”成为现实；基于互联网的电子邮件、视频会议等交流工具也让人们可以轻松地沟通协作。在互联网时代，信息传播更加高效，信息资源更加丰富，人与人的交流合作更加便捷。互联网推动了电子商务的发展，购物、银行业务、股票交易等活动都可以在网络上进行，提高了经济运行效率；教育、医疗、政府服务等社会服务也通过互联网实现了网络化，人们生活更加便捷；互联网也使得不同文化的交流变得更加容易，促进了文化的多样性和在全球范围内的传播。信息社会的发展已离不开互联网的支持。

（2）有线网络与无线网络有何不同?

了解了互联网的基本概念和其在信息社会中的核心作用之后，我们可以进一步探讨构成互联网的两大类网络通信方式：有线网络和无线网络。它们按照网络连接方式中是否使用物理连接线进行区分，各自依赖于不同的通信协议来实现数据的传输。

无线网络通过无线技术连接设备与互联网，无须使用任何物理连接线。无线网络具有以下特点：

①便携性。无线网络可以让用户在不同的地点使用，并且可以通过手机、平板电脑、笔记本电脑等设备进行访问，极大地提高了便携性。

②灵活性。无线网络可以通过无线路由器或者公共的 Wi-Fi 热点进行访问，不受空间限制。用户可以在网络覆盖范围内自由移动，并享受网络的服务。

③安装简便。相比有线网络，无线网络的安装过程相对简单，不需要烦琐的布线工作，只需要配置好路由器和设备即可轻松上网。

④成本较低。无线网络不需要铺设大量的网络线缆，因此成本较低。用户只需购买无线路由器和设备，即可实现多设备的互联。

有线网络需要通过网线或光纤等物理连接方式来进行设备与互联网的连接。有线网络的特点较无线网络有明显不同：

①稳定性高。由于有线网络采用物理连接，其连接稳定性和可靠性较高，在传输数据时不易受到干扰，用户可以获得更加稳定和流畅的上网体验。

②速度较快。由于有线网络的信号传输速度快，因此在文件下载、视频播放等大流量应用方面具有较大优势，用户可以更快地完成各种网络操作。

③安全性高。相比无线网络，有线网络更加安全。由于无线网络的信号可以穿墙传播，存在一定的安全风险；而有线网络的传输信号需要通过具体的网线或光纤连接，更难被窃取或攻击。

④成本较高。有线网络需要铺设网线或光纤，因此在初次安装时需要投入较高的成本。同时，网络线缆可能会损坏，需要额外的维护和修复费用。

常见的有线网络与无线网络通信协议见表 3-1。

表 3-1　常见的有线网络与无线网络通信协议

类型	协议名称	应用层面
有线	Ethernet	局域网、广域网连接
有线	PPP	点对点连接
有线	Modbus	工业控制系统
有线	TCP/IP	互联网通信
无线	Wi-Fi	无线局域网连接
无线	Bluetooth（蓝牙）	短距离无线通信
无线	ZigBee	物联网设备通信
无线	LTE/5G	移动通信
无线	NFC	近场通信
无线	RFID	无线识别和跟踪

（3）物联网技术是什么?

物联网（IoT）的概念最早于 1999 年由美国麻省理工学院提出。早期的物联网是指依托射频识别（RFID）技术和设备，按约定的通信协议与互联网相结合，为实现物品信息智能化识别和管理，将物品信息互联而形成的网络。随着技术和应用的发展，物联网内涵不断延展。现代意义的物联网可以实现对物的感知、识别和控制，以及网络化互联和智能处理的有机统一，从而形成高智能决策。物联网是新一代信息技术的重要组成部分，也是信息化时代的重要发展阶段。

物联网，顾名思义，就是物物相连的互联网。这意味着物联网并不是与互联网截然不同的，其核心和基础仍然是互联网，是在互联网基础上延伸和扩展的网络。互联网将人与人通过网络连接在了一起，而物联网的用户端延伸和扩展到了任何物品，在物品与物品之间进行信息交换和通信，也就是物物相连。物联网通过智能感知、识别技术与普适计算等通信感知技术，广泛应用于网络的融合中。

工业和信息化部电信研究院发布的《物联网白皮书》认为：物联网是通信网和互联网的拓展应用和网络延伸，它利用感知技术与智能装置对物理世界进行感知识别，通过网络传输互联，进行计算、处理和知识挖掘，实现人与物、物与物的信息交互和无缝链接，达到对物理世界实时控制、精确管理和科学决策的目的。

（4）物联网技术有哪些应用?

在商业领域，物联网技术已经被广泛应用在快递物流、货物管理等方面。通过物联网技术，可以监测物流车辆、货物和库存的实时位置和状态，提供及时准确的物流信息，方便管理者追踪和掌控供应链；可以实时收集运输工具的数据，包括油量、速度、行驶路径等，帮助企业精确计算运输成本，优化运输方案。在货物追踪与管理中，利用物联网技术中的标签识别，对货物进行全程跟踪，确保货物的安全和准时到达目的地。针对物流环境有特殊需求的货物，比如冷链物流，利用物联网技术还可以实时监测货物的温度、湿度等环境指标，保证货物质量不受影响。

同样，物联网技术在工业领域也具有非常大的应用潜力。具有环境感知能力的各类终端、基于泛在技术的计算模式、移动通信等不断融入工业生产的各个环节，可大幅提高制造效率和产品质量，降低产品成本和资源消耗，将传统工业提升到智能工业的新阶段。

物联网技术的应用能够帮助企业优化生产过程和工艺。例如，通过物联网技术在生产线过程监测、实时参数采集、生产设备监控、材料消耗监测中的应用，提高了生产过程中监测、控制、诊断、决策、维护等方面的智能化水平。钢铁企业应用各种传感器和通信网络，在生产过程中实现对加工产品的宽度、厚度、温度的实时监控，从而优化了生产流程，提高了产品质量。

在工业 4.0 背景下，产品的品类和型号越来越多，并且所需生产的件数不断变化，使得大规模定制化生产成为未来趋势，而传统的流水线模式已经不能满足需求。

打破流水线生产体系，通过物联网技术将整个工艺链进行联网，可以根据用户定制的订单迅速调整生产流程，使等待和停产时间大大缩减，生产线适应能力大幅提升。同时，物联网技术使生产与物流高度融合，并融合 AGV 智能物流和大数据智能系统自动监视和响应生产的全过程，降低成本，优化物流，提高生产的安全性、可靠性和可持续性。

2. 大数据——智能制造如何洞察数据背后的秘密？

（1）大数据技术是什么？

大数据（big data）是指无法在一定时间范围内用常规软件工具进行捕捉、管理和处理的数据集合，是需要新处理模式才能具有更强决策力、洞察发现力和流程优化能力的海量、高增长率和多样化的信息资产。

大数据技术的诞生背景是互联网的快速发展。在 2000 年前后，为应对互联网网页爆发式增长及提供较为精确的搜索服务，谷歌等公司提出了一套以分布式为特征的全新技术体系来进行数据的计算、存储等，以较低的成本实现了之前技术无法达到的数据处理规模。

伴随着互联网产业的崛起，这种创新的海量数据处理技术在电子商务、定向广告、智能推荐、社交网络等方面得到应用，取得了巨大的商业成功。这引发全社会开始重新审视数据的巨大价值，于是，金融、电信等拥有大量数据的行业开始尝试这种新的理念和技术，并取得一定成效。与此同时，业界也在不断对技术体系进行扩展，使之能在更多的场景下使用。

工业和信息化部电信研究院发布的《大数据白皮书》认为：认识大数据，要把握资源、技术、应用三个层次。大数据是具有体量大、结构多样、时效强等特征的数据；处理大数据需采用新型计算架构和智能算法等新技术；大数据的应用强调以新的理念应用于辅助决策、发现新的知识，更强调在线闭环的业务流程优化。因此，大数据不仅大而且新，是新资源、新工具和新应用的综合体。

IBM 公司提出了大数据的 5V 特征：Volume（数量）、Variety（种类）、Velocity（速度）、Value（价值）、Veracity（真实性），如图 3-1 所示。

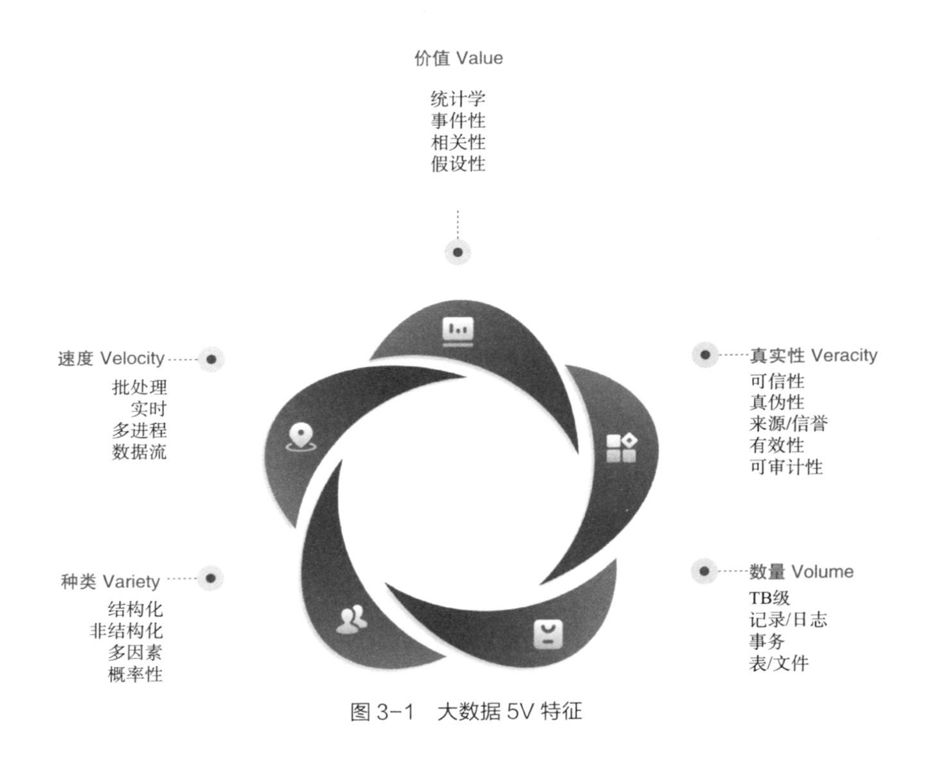

图 3-1　大数据 5V 特征

（2）大数据技术有哪些应用?

在商业领域，利用大数据可以帮助企业轻松实现产品精准营销。产品精准营销是指通过收集和分析平台数据，获取相关用户的特定特征，进行用户行为分析，然后执行有针对性、精确性和个性化的营销策略。所以，利用大数据进行销售分析在商业领域有着很大的优势，企业哪种产品在市场更受欢迎、在哪些地区市场占有率更高、消费者最常购买的组合销售形式有哪些、消费者的层次如何分类等问题都可以通过对历史数据的多维度组合和分析找到答案。

企业也可以有依据地调整产品的生产销售策略，在节省营销费用的同时实现产品的精准营销，将有限的资源投放到可能获取最大收益的环节。

目前在工业领域，产品故障诊断与预测已经成为大数据的典型应用。在智能工厂中，大量传感器和物联网技术的引入，使得工业大数据的获取十分方便，并通过建模与仿真技术，使得对设备的动态性预测及产品故障实时诊断成为可能。波音公司的飞机系统是工业领域利用大数据进行产品故障实时诊断的优秀案例。在波音公司的飞机系统中，实时监测和更新的发动机、燃油系统、液压和电力系统等数以百计的数据组成了飞机的在航状态。通过对这些飞行大数据的采集分析，可以实现对飞机的实时自适应控制，并且可以实时监测燃油使用状态、预测零件故障，有效地实现了产品故障诊断与预测。

3. 云计算——智能制造如何实现资源的无缝整合?

（1）云计算技术是什么?

云计算（cloud computing）是一种通过网络统一组织和灵活调用各种信息和通信资源，实现大规模计算的信息处理方式。

“云”是对云计算服务模式和技术实现的形象比喻。简单来说，云计算就是通过网络将分散的各种信息和通信资源集中起来形成可以共享的资源池，并以动态按需和可度量的方式向用户提供服务，如图 3-2 所示。用户可以使用各种形式的终端，如 PC（personal

图 3-2　云计算

computer，个人计算机)、平板电脑、智能手机甚至智能电视等，通过网络获取这些资源服务。

云计算具备四个方面的核心特征。一是宽带网络连接。“云”不在用户本地，用户要通过宽带网络接入“云”中并使用服务，“云”内节点之间也通过内部的高速网络相连，用户可以通过有互联网的任意地点进行便捷的访问。二是对各种信息和通信资源的共享。云计算通过将物理服务器分割成多个虚拟服务器，“云”内的各种信息和通信资源并不为某一用户所专有，多用户可同时使用，提高了硬件资源利用率。三是快速、按需、弹性的服务。云计算承载海量数据的存储、处理和管理，并可以根据实际需求随时扩充和缩减云计算资源，用户可以按照实际需求迅速获取或释放资源，并可以根据需求对资源进行动态扩展。四是服务可测量。服务提供者按照用户对资源的使用量进行计费。

（2）云计算技术有哪些应用?

在商业领域，移动支付是云计算技术最为成功的应用之一，将便利带进了千家万户。支付宝和微信支付是目前国内最主流的两种移动支付方式，它们均采用了云计算技术作为后台支撑，可以实现快速、安全和便捷的付款、收款、发红包等操作。

安全问题是人们支付时首要担心的问题，而云计算技术通过多层次的安全保障机制，可以确保支付数据的安全性。借助高效、快速的计算和处理能力，云计算可以在微秒级别完成数据的处理、传输和存储，有效缩短了支付时间，提升了使用移动支付的效率。同时，云计算还可以承载大量的数据存储和管理，可以为移动支付提供安全、便捷的后台服务。

云计算技术和大数据技术结合在一起，可以分析用户的支付行为、购物偏好、消费记录等信息，提供个性化的支付服务，从而提升用户体验，增强用户黏性，比如支付宝的“芝麻信用分”分析等，微信支持的“好友代付”“到店付款”等功能。

在工业领域，云计算同样带来了新一轮的创新动力和前所未有的发展机遇。机械、电子、汽车及飞机等工业都是由多家厂商合作的现代产业链，因此离不开网上信息的共享与协作。如图 3-3 所示，在供应链管理方面，利用云计算平台强大的数据分析能力，生产制造企业可以随时了解零件供应商的库存和市场行情，调整组装和备料方案，不仅可以提高合作伙伴之间的协同效率，还可以有效降低企业的运营成本。

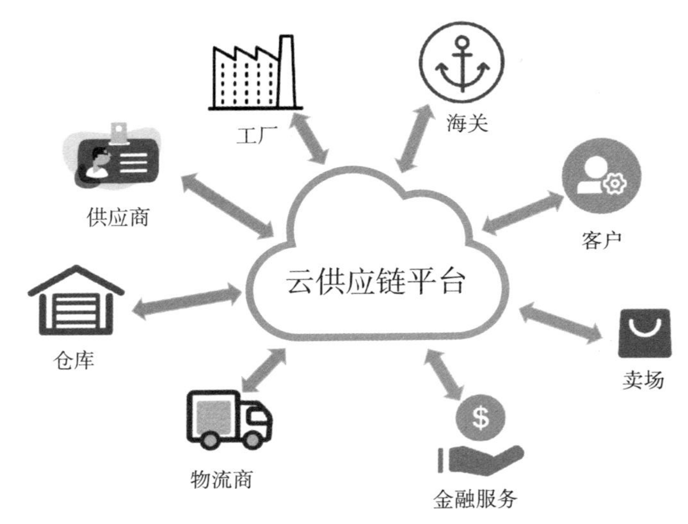

图 3-3　云计算在供应链管理方面的应用

除了供应链管理，云计算还可用于制造业的生产计划管理。借助云计算的高速运算能力，快速分析、处理各种数据，包括供应链的数据、生产线的数据等，可以准确预测市场的需求，实现生产计划的精准控制。

4. 人工智能——智能制造如何赋予机器以智慧？

（1）什么是人工智能？

人工智能（artificial intelligence，AI）是研究、开发用于模

拟、延伸和扩展人的智能的理论、方法、技术及应用系统的一门新的技术科学，是新一轮科技革命和产业变革的重要驱动力。人工智能通过了解人类智能的实质并对人的意识、思维等过程进行模拟，生产出一种新的能以与人类智能相似的方式作出反应的智能机器。人工智能自诞生以来，其理论和技术日益成熟，应用领域也不断扩大，包括机器人、语言识别、图像识别、自然语言处理和专家系统等。

总体来说，人工智能研究的一个主要目标是使机器通过模仿人类的学习、思考及其他方面的智能，完成一些通常需要人类智能才能完成的复杂工作。

（2）人工智能的发展经历了哪些阶段?

人工智能技术的发展并不是一帆风顺的，如图 3-4 所示，其发展历程是一波三折的。早在 1956 年，在美国汉诺斯小镇宁静的达特茅斯学院中，麦卡锡等大名鼎鼎的计算机、信息等领域的科学家聚在一起，讨论如何用机器来模仿人类学习及其他方面的智能，提出了“人工智能”的概念。因此，1956 年也被称为人工智能元年。此后，人工智能的发展就一直在探索未知的道路上曲折起伏，直到近十几年来，随着大数据、云计算、互联网、物联网等信息技术的突破性发展，在泛在感知数据和图形处理器等计算平台的推动下，以深度神经网络为代表的人工智能技术飞速发展，大幅跨越了科学与应用之间的技术“鸿沟”，诸如图像分类、语音识别、知识问答、人机对弈、无人驾驶等人工智能技术实现了从“不能用、不好用”到“可以用”的技术突破，迎来爆发式增长的新高潮。

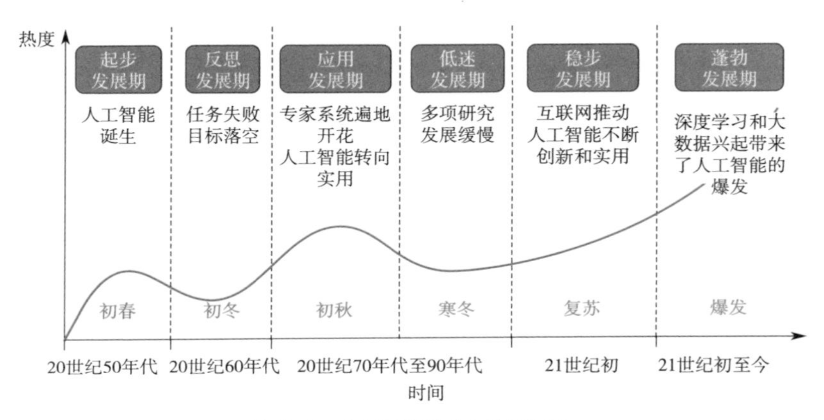

图 3-4　人工智能技术的发展历程

（3）人工智能技术有哪些应用?

在商业领域中，生物特征识别是当前日常生活场景中人工智能技术最常见的应用之一。生物特征识别技术是指根据个体生理特征或行为特征对个体身份进行识别认证的技术，如图 3-5 所示。生物特征识别技术涉及的内容十分广泛，包括指纹、掌纹、人脸、虹膜、指静脉、声纹、步态等多种生物特征，其识别过程涉及图像处理、计算机视觉、语音识别、机器学习等多项技术。目前，生物特征识别作为重要的智能化身份认证技术，在金融、公共安全、教育、交通等领域得到广泛的应用。

人工智能技术在制造业也具有非常大的应用潜力。下面以无缝钢管为例说明人工智能技术中的机器视觉怎么帮助企业生产。

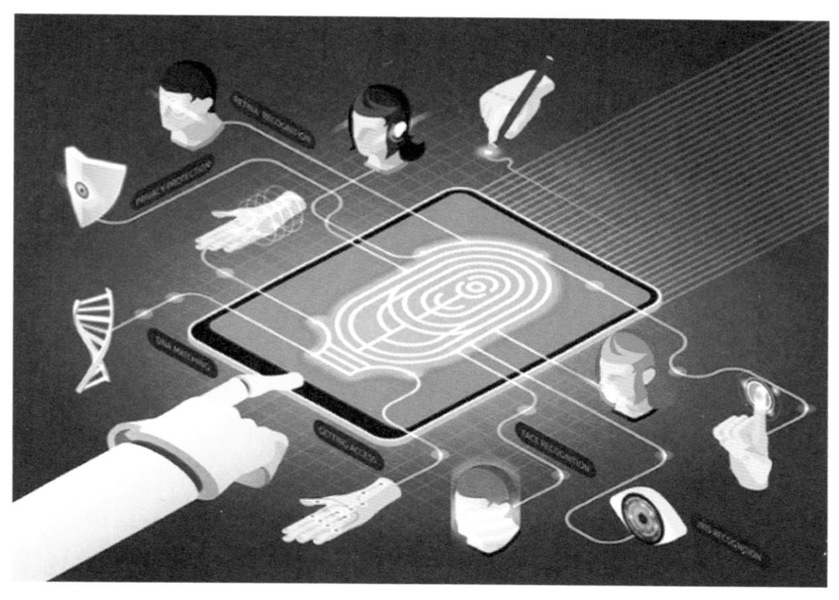

图3-5 生物特征识别技术

实践探索

在无缝钢管的生产过程中，需要先将钢坯输送到炉中加热；接着，将坯料穿孔以形成厚壁的中空壳体，之后将芯棒插入壳体；然后，在芯棒式无缝管轧机中对坯料进行伸长轧制；在伸长工艺之后，坯料被输送到推进台，在这里它被推动穿过一系列轧辊机座，最终形成具有连续更小壁厚的中空长钢管。但轧机台架中的轧辊机座偶尔会使钢管表面产生标记等缺陷，这些缺陷在热条件下非常难以检测。为了解决这些问题，西班牙的工程师开发出了一套名称为“Surfin”的机器视觉系统。

该系统通过学习纹理、对比度和尺寸来识别不同样品的各种缺陷，并利用算法自动检测和分类生产环境中最重要的生产缺陷。通过在数据库中存储来自相机的图像、缺陷数据、缺陷位置，以及生产过程中的压力、温度、速度等生产数据，该系统还可以用于控制产品的质量，并且保证产品出现问题时能够追溯到问题的源头，如在哪个位置产生了哪些异常的数据。

数字职业篇

随着信息技术的飞速发展，人类社会正以前所未有的速度向数字化时代迈进。数字化转型不仅改变了人们的生活方式，更深刻地重塑了各行各业的生产模式和经济结构。在这一背景下，数字职业应运而生，并逐渐成为现代社会就业市场的重要组成部分。数字职业的出现，是现代社会经济发展的必然趋势。随着数字化转型的深入推进，越来越多的企业和组织开始重视数字技术的应用和创新，对具备数字技能和素养的人才需求也日益旺盛。数字职业为人们提供了更多元、更广阔的发展空间和职业选择，同时也对人才培养和教育改革提出了新的挑战和机遇。

本篇将探寻数字职业出现的原因、发展趋势及对社会经济发展的影响，并讲解如何培养和发展数字职业人才。通过本篇的学习，读者将会对数字职业有一个全面而深入的了解，助力自己未来的职业选择和职业发展。让我们一同踏上这段探索数字职业奥秘的旅程吧！

工业革命催生数字职业

1. 新一代信息技术引发工业革命

（1）新工业革命

当下，以智能化为核心的人类第四次工业革命正以前所未有的态势席卷而来，改变着人类生活的各个领域。

历史上，人类经历过三次工业革命：第一次工业革命（工业1.0）是用水力和蒸汽动力驱动的机械生产设备帮助生产；第二次工业革命（工业2.0）由于分工与电能的使用实现了大批量的生产；第三次工业革命（工业3.0）的基础是电子技术与IT的使用进一步实现了自动化生产。

如今正在进行第四次工业革命（工业4.0），其基础是使用信息物理融合系统，是生产过程智能化的时代。第四次工业革命可以实现大规模个性化定制、远程运维、网络协同制造等新型生产方式，生产自组织、柔性化程度逐渐提高，进一步解放了人类体力劳动和部分脑力劳动，对人们的生活方式也会产生极大改变。从工业 1.0 到工业 4.0 的发展历程如图 4-1 所示。

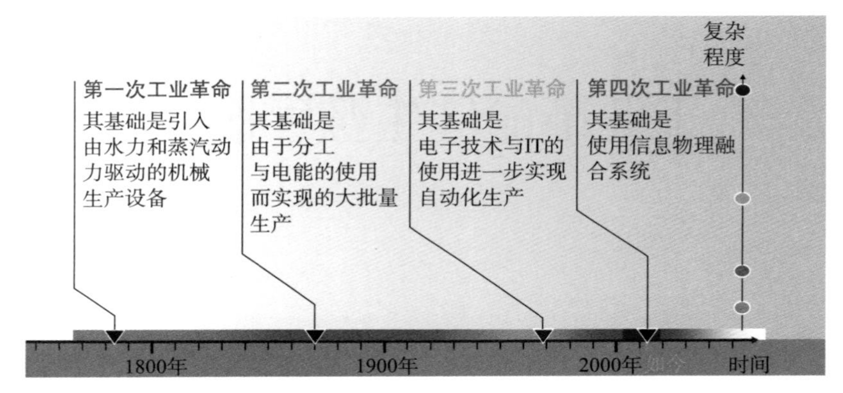

图 4-1　从工业 1.0 到工业 4.0 的发展历程

工业 4.0 的到来有多方面原因。新一代信息技术与制造业深度融合，正在引发影响深远的产业变革，形成新的生产方式、产业形态、商业模式和经济增长点。各国都在加大科技创新力度，推动三维（3D）打印、移动互联网、云计算、大数据、生物工程、新能源、新材料等领域取得新突破，这是催生工业 4.0 的最重要原因之一。

此外，国际金融危机发生后，发达国家纷纷实施“再工业化”战略，重塑制造业竞争新优势，加速推进新一轮全球贸易投资格局，美国发布《先进制造业国家战略》，德国发布《国家工业战略 2030》等国家战略，都把开发并应用先进的制造技术、培养先进制造业人才等作为主要目标。发展中国家则在加快谋划和布局，积极参与全球产业再分工，承接产业及资本转移，拓展国际市场空间，如印度、越南等国凭借开放的市场环境、相对丰富且廉价的劳动力资源，越来越受到国际制造业的青睐。

我国制造业面临严峻挑战，已加紧战略部署，争取抢占制造业新一轮竞争制高点。《“十四五”信息化和工业化深度融合发展规划》提出，持续深化信息化与工业化融合发展，是党中央、国务院作出的重大战略部署，是新发展阶段制造业数字化、网络化、智能化发展的必由之路，是数字时代建设制造强国、网络强国和数字中国的扣合点。而数字化、网络化、智能化是新一轮科技革命的突出特征，也是新一代信息技术的核心。

（2）数字化、网络化、智能化

1）数字化

数字化是指将信息载体（文字、图片、图像、信号等）以数字编码的形式进行储存、传输、加工、处理和应用的技术途径。生活中常见的数字化应用是条形码、二维码、RFID等，人们通过编码的方式为每一个产品赋予编号及IP地址，通过识别这些数字化的信息就可以获取对应的产品信息。而利用一些数字化设计产品系统软件，可以建立实体虚拟数字模型，使所有生产过程中参与的实体（包含真实与虚拟实体）可感知与被感知。利用虚拟仿真系统平台，建立沟通虚拟世界与现实世界的桥梁，实现分布异构环境下工厂级、车间级的虚拟仿真与实时分析评估系统，这便是数字孪生系统，是数字化的最新应用，如图4-2所示。

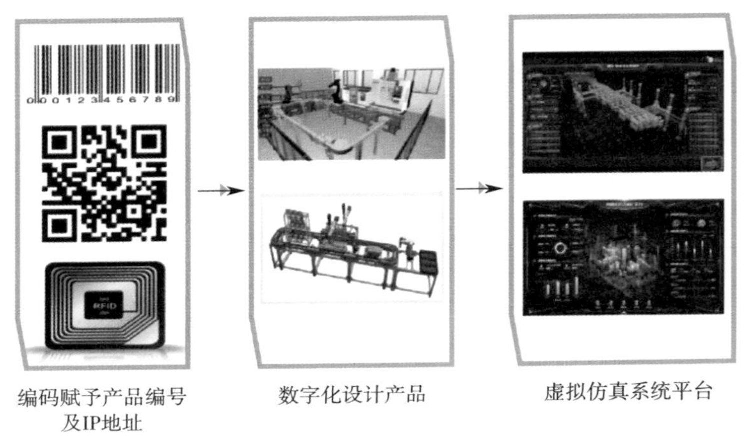

编码赋予产品编号及IP地址　　数字化设计产品　　虚拟仿真系统平台

图 4-2　数字化应用

在制造业，生产管理是最重要的环节之一，其影响到了产品的质量、生产成本等。生产一般分为制订计划、安排生产、质量检测三个主要步骤，因此一批产品的数据便集中在生产计划、生产工单、质检工单上。一个工厂往往有很多生产车间，每天会有大量的生产计划，如果发生质量问题，由于数据分散、庞大，仅通过人工很难追溯到具体的生产过程，而借助数字化，将所有数据用计算机进行储存、管理、分析，实现多表数据汇总处理，可以进行生产进度追溯，实时查看生产计划的完成情况。利用信息数字化的方式，提高了生产率，节省了大量时间和成本。

数字化的核心思想就是充分利用信息技术和经济社会活动结合产生的大数据，随着分析技术和计算技术的发展，我们现在可以解读这些大数据，通过对大数据的分析，我们能够更深入地了解社会、经济和各种现实问题，这为管理创新、产业发展、科学发现等多个领域带来了前所未有的机遇。

2）网络化

工业 4.0 中的网络化，是指生产（广义，包含制造与运输过程）中涉及的实体能够互联互通，这是工业 4.0 的基本特征与要求。

如图 4-3 所示，网络化的发展最先是局域网的建立，即在一个局部的地理范围内，将各种计算机、外部设备和数据库等连接起来组成计算机通信网。它可以通过数据通信网或专用数据电路，与远方的局域网、数据库或处理中心相连接，构成一个较大范围的信息处理系统，实现文件管理、应用软件共享、工作组日程安排、电子邮件和传真通信服务等功能，这种将计算机网络连接在一起的方法可称作“网络互联”，在此基础上形成覆盖全世界的全球性互联网。将移动通信和互联网结合起来，称为移动互联网，它是互联网的技术、平台、商业模式和应用与移动通信技术结合并实践的活动的总称。Wi-Fi 6 和 5G 是网络化的最新技术，给人类的生产生活带来诸多便利。

图 4-3　局域网、互联网、移动互联网

如今大多数汽车生产企业都引入了智能工厂系统。在这个系统内部，一个网络系统把整个工厂的生产线、设备和传感器都紧密联系在一起。每一台机器和每一个传感器都可以通过网络传递信息。如果一台机器正在生产的时候发生了故障，它会立即向工厂的中央控制系统发送消息。这个消息不仅会及时送达管理人员的计算机上，而且其他相关的机器也能收到，就像是整个团队在即时沟通。管理人员可以通过计算机或手机远程监控整个生产过程。如果发现某个环节需要调整，他们可以通过系统进行实时操作，如调整生产速度、优化生产流程，以确保效率和质量。这个网络化的系统使得整个工厂就像一个高效的团队，各个成员可以实时协作，迅速作出决策，从而提高了生产率和灵活性。这就是网络化在工业制造中的应用，通过连接一切，让生产变得更加智能、顺畅。

互联网实现了人与人、服务与服务之间的互联，而物联网实现了人、物、服务之间的交叉互联。与提供信息交互和应用的公用基础设施不同的是，信息物理系统发展的聚焦点在于研发深度融合感知、计算、通信和控制能力的网络化物理设备系统。信息物理系统的涵盖范围可以从小的智能家庭网络到工业控制系统，乃至智能交通系统等国家级的应用。更重要的是，这种涵盖并不仅仅是将现有的设备简单地连在一起，而是会催生出众多具有计算、通信、控制、协同和自治性能的设备。下一代工业就是建立在这种信息物理系统之上。

3）智能化

我们说一个信息产品是智能的，通常是指这个产品能完成有智慧的人才能完成的事情，或者已经达到人类才能达到的水平。智能一般包括感知能力、记忆与思维能力、学习与自适应能力、行为决策能力等。因此，智能化通常也可定义为：使对象具备灵敏准确的感知功能、正确的思维与判断功能、自适应的学习功能、行之有效的执行功能等。智能化更是工业 4.0 中贯穿始终的概念。

智能化供应链管理系统是制造业中的一个重要应用场景，智能化就像是给工厂的整个制造系统安装了一个定制的“大脑”，它能够根据工厂的生产内容自动协调从原材料到最终产品的所有流程。它可以通过实时信息获取，全面掌握生产和物流的动态，确保及时了解原材料和产品的状态。系统的自动调度功能根据生产计划、库存水平和市场需求等数据，智能地优化生产和物流流程，提高了整个供应链的效率。同时，系统具备风险管理能力，在遇到紧急状况时，能够快速作出调整，降低生产风险。通过优化供应链，避免过度库存和运输浪费，系统还有助于显著降低成本，提高生产率，使工业制造更为灵活、高效。

这样的智能系统可以节省大量进行实时监控的人力资源，确保在人力较少时也能够使工厂具备一定的自我修复能力，完成部分工作的自我调节，为生产、管理带来了更多的便利，一定程度上也提高了生产率。智能工厂模型如图 4-4 所示。

总而言之，数字化将信息转化为数字形式，网络化通过互联实现信息流动，智能化赋予机器学习和自适应能力，三者共同推动着工业和社会向更智能、更高效的方向发展。通过这三者的结合就像为原本独立的、死板的、低效的生产设备和产品赋予了“灵魂”，让生产制造过程能够更加灵活、高效，同时人们能够从事更具意义

图 4-4　智能工厂模型

的工作。

（3）新一代信息技术

1）工业互联网

工业互联网是将互联网技术应用于工业领域，通过在制造、物流、供应等环节中嵌入传感器、监控设备并与互联网连接，实现设备之间、设备与系统之间实时数据交互和协同工作，提升工业生产的效率、可靠性和智能化水平。

我们可以想象，在一个智能工厂里面，各种机器、设备像是一个个可以相互聊天的工人。每个机器人都有微型计算机，可以通过计算机之间的网络相互传递信息。这些机器人会相互传达工作状态、生产进度等信息，还能及时反馈问题或需要帮助的情况。当有一个产品需要制造时，整个生产线就像是一支无声的乐队，各个乐器（机器）根据旋律（生产计划）协调配合。如果其中一个乐器（机器）出现了问题，其他的乐器可以快速作出反应，进行调整，确保整个乐曲不会出错。这样的网络化生产就可以实现实时监测、高效协作、预测维护、定制生产，提高了生产效率，降低了成本，使得整个工厂更加智能和灵活，如图 4-5 所示。

图 4-5　工业互联网

工业互联网的应用使得制造过程更加智能化和自适应。通过实时反馈和数据分析，生产线可以根据需求进行自动调整，提高灵活性和适应性。由于工业互联网涉及大量敏感数据，安全性和隐私保护成为至关重要的方面，需要采用安全协议、加密技术和访问控制等手段，确保数据的保密性和完整性。工业互联网的目标是通过连接以智能化和数据驱动的方式，推动制造业的数字化转型，提高生产率，降低成本，为企业创造更具竞争力的市场地位。

2）大数据

大数据是一种规模大到在获取、存储、管理、分析方面难以应用传统的数据处理工具的数据集合，具有海量的数据规模、快速的数据流转、多样的数据类型和价值密度低等特征。在生活中常见的便是各大社交媒体平台对用户进行定制化推荐、热点推送、广告定向投放等功能，如图 4-6 所示。

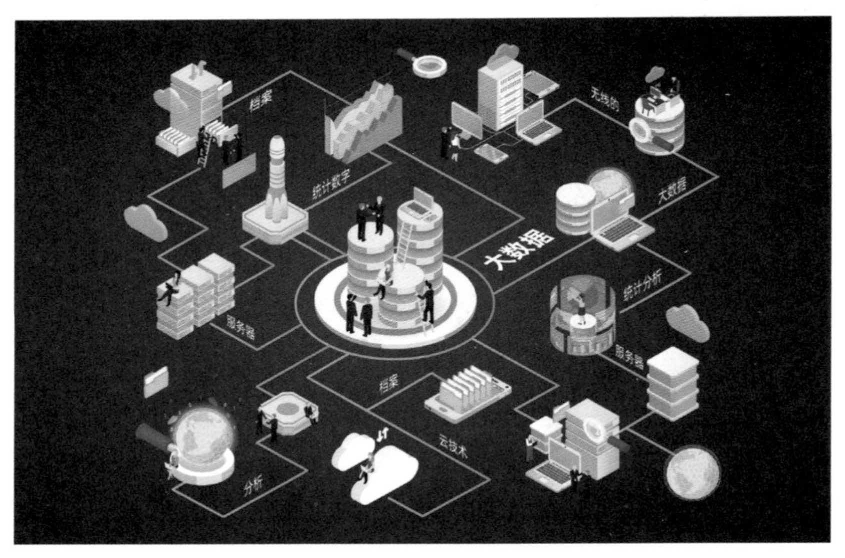

图 4-6　大数据

在生产制造中，利用大数据可以对各种生产信息进行分析处理。假如工厂是一艘巨大的船，各种机器和设备就像是船上的引擎和仪器，共同推动着整艘船的航行。而大数据就像是这艘船的导航专家，通过船上的各种传感器获取机器和设备的信息，还可以分析海洋的各种信息，包括气象、潮汐等，确保船只在茫茫大海中航行得更加安全、高效。如果大数据发现某个引擎经常在高负荷运转时出现问题或是遇到恶劣天气，它就能提前警示，及时调整船只速度以避免发生故障或危险，就像是工厂调整生产或进行维护。

大数据的处理和分析也需要使用先进的技术和工具，包括分布式计算、云计算、机器学习、人工智能等。大数据的应用涵盖了许多领域，包括商业、科学研究、医疗保健、金融等，为这些领域提供了更好的决策支持。可以说在这个信息化的时代，各种数据纷繁复杂，而收集、处理、分析大数据也成为企业、社会甚至国家用于决策时的重要参考之一。当然保护用户隐私、确保数据安全也是发展大数据过程中必不可少的。

3）人工智能

人工智能是研究开发能够模拟、延伸和扩展人类智能的理论、方法、技术及应用系统的一门新的技术科学。这一领域的很多技术已经应用于人们的日常生活中，如语音识别、图像识别等。人工智能诞生以来，它的理论和技术越来越成熟，而且应用领域也在不断扩展。未来的科技产品或许都将成为容纳人类智慧的工具。人工智能虽然是在模仿人类的思考和意识过程，不是真正的人类智能，但凭借其强大的计算能力甚至可以超过人类智能。智能机器人如图 4-7 所示。

图 4-7　智能机器人

智能化是信息技术发展的永恒追求，实现这一追求的主要途径是发展人工智能技术。目前人工智能最常见的应用之一是智能音箱，它可以回答人们提出的各种各样的问题。智能机器人主要应用于服务行业，已经入驻了智能餐厅、智慧社区、咖啡站、饮品店等，可以打破门店传统的营业时间，实现 24 小时无人化经营。另一人工智能的应用是生成式 AI，是通过各种机器学习方法从数据中学习对象的组件，进而生成全新的、完全原创内容（如文字、图片、视频）的 AI。这些生成的内容会和训练数据十分相似，但却不是简单地对学习数据进行复制。

人工智能的应用已经在各个领域产生了深刻的影响，从提高效率、改变产业格局，到推动科学创新和社会文化变迁。然而，也需要谨慎处理伦理、隐私、安全等问题，以确保人工智能的发展符合社会的利益和价值观。

2. 工业革命带动就业岗位变化

（1）工业 4.0 改变就业结构，带动岗位变化

工业 4.0 可以帮助制造型企业提升竞争力，在提高生产力的同时扩大劳动力队伍。由于生产制造日益向资本密集型发展，劳动力成本较低的传统地区将逐渐丧失其优势。工业 4.0 还有助于制造型企业创造新的工作岗位，以满足因现有市场的发展及新产品、新服务的推出而产生的更大需求。与此形成鲜明对比的是，在此前每一次技术革命爆发时，尽管产量都会大幅提升，然而生产制造类的岗位会有所缩减。

以工业机器人与人工智能为主的自动化生产已经得到世界各国的重视，这些改变也给社会的就业岗位和就业结构带来冲击。在制造业领域，一些相对低端或者传统的岗位，如一线的操作工人等已经开始被机器人所取代，大多数以生产制造为主的企业逐步向自动化、智能化工厂进行转型，一方面是替代大量人工的重复性劳动，另一方面是用于减轻工人劳动强度和减少危险工作，同时这样的改变也要求劳动者具备不断学习的能力，接受新的技能培训，从而获取新的就业岗位。

表 4-1 列出了多种技术使用场景及场景描述。

表 4-1　技术使用场景及场景描述

使用场景	场景描述
大数据驱动下的质量管理	对历史数据进行运算，发现质量问题，降低废品率
预测性维护	远程监控设备有助于在设备出现故障前进行维护
机器人辅助生产	运用灵活的类人型机器人完成组装和包装类工作
机器即服务	制造商销售的不是机器，而是包括维护保养在内的服务
无人驾驶物流工具	全自动运输系统在工厂中实现智能运行
自组织生产	可自动协调的机器有助于优化使用率和产出
生产线模拟仿真	利用新软件模拟和优化流水线
增材制造精密零件	3D 打印技术有助于一站式打造复杂的零部件，从而使组装变得冗余
智能供应网络	监控整个供应网络，作出更好的供应决策
在增强现实技术的辅助下开展工作、维护和服务	第四维度有助于为运营提供指导、进行远程协助和记录

大数据驱动下的质量管理。一家半导体制造企业采用算法来分析质量管理的实时数据和历史数据，识别质量问题及其原因，并准确地找到方法来最大限度地减少产品缺陷和浪费。将大数据运用于制造业将会减少专门从事质量管理的人员数量，同时也会增加对工业数据科学家的需求。

机器人辅助生产。一家塑料制造企业利用与人类高度相近且具有类似手部功能的机器人为其工作。这些机器人很容易接受新的任务。内置的安全感应器和摄像头让机器人可以与周围的环境进行互动。机器人的使用将大幅削减生产环节中的人工岗位，比如组装和包装环节中的人工岗位，但同时也将创造出新的工作岗位，如机器人协调员。

无人驾驶物流工具。一家食品饮料制造企业采用了自动化运输系统，该智能系统可以在工厂中独立运作，从而减少了对物流人员的需求。

自组织生产。一家齿轮制造企业对产品线进行了专门设计，使之可自动协调和优化每一环节的利用率。尽管这样的自动化设计将会减少对从事生产规划的人员需求，但同时将提高对数据建模和分析专家的需求。

生产线模拟仿真。一家消费品制造企业利用创新软件，在安装生产线之前先进行模拟，然后将模拟结果用于优化运营。此类技术的应用将增加对工业工程师和模拟专家的需求。

智能供应网络。一家国际消费品企业采用先进技术来操控整个供应网络，从而优化了供应决策。技术的应用将减少从事运营规划的岗位数量，同时创造了对供应链协调岗位的需求，以便更好地处理小批量的交付需求。

总体而言，工业 4.0 带来了一系列的技术和组织变革，对劳动力市场提出了新的挑战，也为一些新兴领域人才带来了新的就业机会。在这个过程中，培养适应新技术的技能和意识将变得至关重要。

（2）新发展带来新职业

自2019年至2022年，人力资源社会保障部会同有关部门发布了5批共74个新职业，包括智能制造工程技术人员、人工智能工程技术人员、物联网工程技术人员、大数据工程技术人员、云计算工程技术人员、数字化管理师等。其中大多数职业与数字化、网络化、智能化相关，反映了数字经济发展的需要，也顺应了碳达峰、碳中和的趋势，满足了人民美好生活的需要。下面将对部分职业进行简单介绍。

1）智能制造工程技术人员

智能制造工程技术人员是从事智能制造相关技术的研究、开发，对智能制造装备、生产线进行设计、安装、调试、管控和应用的工程技术人员。

主要工作任务：分析、研究、开发智能制造相关技术；研究、设计、开发智能制造装备、生产线；研究、开发、应用智能制造虚拟仿真技术；设计、操作、应用智能检测系统；设计、开发、应用智能生产管控系统；安装、调试、部署智能制造装备、生产线；操作、应用工业软件进行数字化设计与制造；操作、编程、应用智能制造装备、生产线进行智能加工；提供智能制造相关技术咨询和技术服务。

2）人工智能工程技术人员

人工智能工程技术人员是从事与人工智能相关算法、深度学习等多种技术的分析、研究、开发，并对人工智能系统进行设计、优化、运维、管理和应用的工程技术人员。

主要工作任务：分析、研究人工智能算法、深度学习及神经网络等技术；研究、开发、应用人工智能指令、算法及技术；规划、设计、开发基于人工智能算法的芯片；提供人工智能相关技术咨询和技术服务等。

假如有一家制造公司，需要对其生产线进行优化，提高产品的质量，降低次品率，这时人工智能工程技术人员便需要与生产团队合作。首先需要了解产品的整个生产制造流程，再根据生产过程存在的具体问题选择合适的方案。如果需要优化生产流程，那么工程师便要收集、清理和标准化各个工序的生产数据，包括生产时间、产品数量、质量分析等，有效利用这些数据，以确保它们可以用于训练机器学习模型，用智能算法对其不断优化。当然，在优化过程中也需要不断测试，使训练模型与实际情况一致。

3）大数据工程技术人员

大数据工程技术人员是从事大数据采集、清洗、分析、治理、挖掘等技术研究，并加以利用、管理、维护和服务的工程技术人员。

主要工作任务：研究和开发大数据采集、清洗、存储及管理、分析及挖掘、展现及应用等有关技术；研究、应用大数据平台体系架构、技术和标准；设计、开发、集成、测试大数据软硬件系统；大数据采集、清洗、建模与分析；提供大数据的技术咨询和技术服务等，如图 4-8 所示。

大数据工程技术人员的工作与人工智能工程师密切相关，但侧重于处理和管理大量的生产数据。他们需要处理各种信息数据：首

图 4-8　大数据工程技术人员

先是负责设计和实施数据收集系统，确保从生产线传感器和其他源头收集到的大量数据能够被有效捕捉和储存；其次是处理原始数据，清理其中的干扰和错误，以确保数据的准确性和一致性，这可能包括处理缺失值和异常值。他们的工作还包括数据存储和管理、大数据分析支持、数据安全保障和合规性管理等，这些工作都需要专业的技术人员进行。总体而言，大数据工程技术人员需要构建和维护一个高效、安全且可扩展的数据基础设施，为其他工程师处理问题时所需的数据分析和模型训练提供支持。

4）集成电路工程技术人员

集成电路工程技术人员是从事集成电路需求分析、集成电路架构设计、集成电路详细设计、测试验证、网表设计和版图设计的工程技术人员。

主要工作任务：对芯片设计进行规格制定、需求分析，编制设计手册，制订设计计划；对芯片进行规格定义、RTL（寄存器传输级）代码编写、验证、逻辑综合、时序分析、可测性设计；对芯片进行设计仿真、逻辑验证和相关原型验证及测试；根据生产工艺进行芯片生产数据签核与输出验证等，如图 4-9 所示。

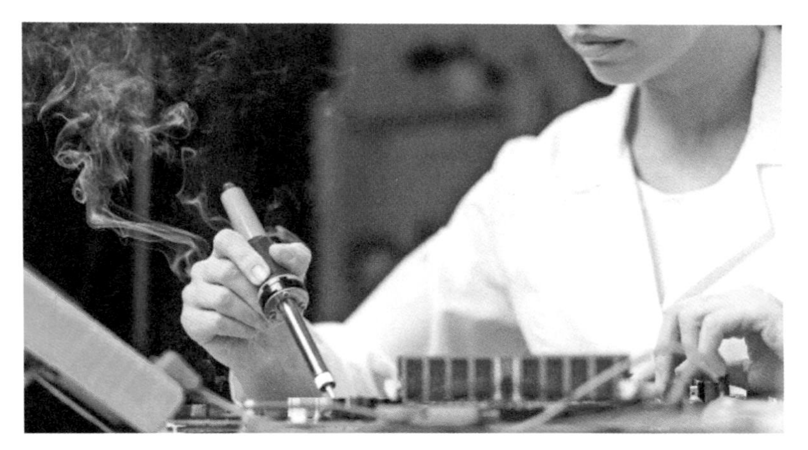

图 4-9　集成电路工程技术人员

集成电路工程技术人员的工作侧重于设计、制造和测试集成电路，他们的工作涵盖了从电路设计到制造和测试的整个过程，确保最终的芯片产品达到高性能、低功耗和可靠性的要求，为其他工程师的工作提供了硬件基础，在现代科技中发挥着关键作用。

国家战略推动数字职业发展

1. 中国制造业现状

（1）基本情况

制造业是国民经济的主体，是立国之本、兴国之器、强国之基。目前我国制造业持续快速发展，已初具世界规模最大、门类最齐全、体系最完整、国际竞争力较强的发展优势，成为科技成果转化的重要载体、吸纳就业的重要渠道、创造税收的重要来源、开展国际贸易的重要领域，为促进经济稳定增长做出了重要贡献。面对复杂多变的外部环境和多重因素挑战，中国制造稳步向前。2023年，稳增长政策“组合拳”有力有效，全年规模以上工业增加值同比增长4.6%，较2022年提升1个百分点，制造业总体规模连续14年位居全球第一。

《智能制造成熟度指数报告（2022）》数据显示，2022年我国智能制造成熟度指数达106，同比增长6%，制造业企业实施智能制造的成效凸显，全国智能制造成熟度水平稳步提升。其中，达到《智能制造能力成熟度模型》（GB/T 39116—2020）国家标准二级及以上的智能工厂普及率为37%，三年来增长了12个百分点，各项数据均显示我国智能制造成熟度水平正稳步提升。

目前，全国已累计建成数字化车间和智能工厂近8 000个。2023年12月6日，工业和信息化部等五部门公布“2023年度智能制造示范工厂揭榜单位和优秀场景名单”，其中智能制造示范工厂揭榜单位达到212家；截至2023年12月，在全球153座“灯塔工厂”中，中国共有62座工厂上榜。

传统制造业是我国制造业的主体，是现代化产业体系的基底。推动传统制造业转型升级，是主动适应和引领新一轮科技革命和产业变革的战略选择，是提高产业链供应链韧性和安全水平的重要举措，是推进新型工业化、加快制造强国建设的必然要求，关系现代化产业体系建设全局。

（2）面临挑战

制造业高质量发展是经济高质量发展的重要内容，事关全面建设社会主义现代化国家，从根本上决定着我国未来的综合实力和国际地位。改革开放以来，我国制造业发展取得了举世瞩目的成绩。但随着国际、国内政治经济环境发生深刻变化，我国制造业发展有放缓趋势，面临的国内外约束日益增强，制造业高质量发展面临的挑战不断攀升。我国虽然已是制造业大国，但产业大而不强、自主创新能力不足、基础制造水平落后、低水平重复建设等问题依然突出。一些制造业部门目前出现了增速放缓、增长动力不足的现象。

随着劳动力数量红利递减、生产要素成本提升、资源环境约束加强等因素的影响，资源密集型、劳动密集型、高耗能高污染行业等低端制造业增长乏力，并导致了中国工业整体增速下降。充裕而相对低廉的劳动力一直是我国制造业国际竞争力的重要来源。但相关研究显示，随着我国劳动力工资水平加快上升，我国制造业相对于欧美发达国家劳动力成本差距正日渐缩小，在考虑生产率差距后，欧美国家在部分制造业领域甚至正变得更具优势。

随着经济增速放缓和全球产业变革，过去三十多年中国经济快速增长所积累的一些风险和矛盾也逐渐暴露。比如，多数制造业部门出现严重产能过剩，而化解产能过剩亟待进行资产重组和结构调整，这不可避免会引发一些企业倒闭、员工转岗甚至失业。

当前，世界主要国家对制造业发展关注度不断提升，并积极出台相关政策鼓励本国制造业发展，加大国际市场争夺，我国制造业正面临越来越大的国际竞争压力。在高端制造业领域，我国与欧美日韩等发达国家在国际市场上正呈短兵相接态势；而在中低端制造业领域，我国相关产品出口则面临着其他发展中国家的激烈竞争。

我国制造业在技术创新和关键技术自主研发方面仍存在差距。虽然我国在制造业规模上已经位居世界前列，但很多关键技术仍然依赖进口，自主创新能力不足。这导致中国制造业长期处于“跟跑”的状态，难以在全球产业链中占据核心地位。我们虽然有华为、联想、中兴等创新投入很大和创新能力很强的企业，但整体上中国制造业企业研发经费投入不足。技术落后、创新能力不强已成为影响中国制造业产业结构调整和产业升级的严重障碍。

中国制造业的发展历程相对短暂，几十年间经历了其他国家百年发展的进程，这也意味着中国制造业在技术积累、人才培养等方面存在着一定的滞后性。虽然中国制造业发展速度快，但在技术沉淀和人才储备方面还需要时间和努力。

（3）更有优势

尽管中国制造业发展面临诸多挑战，但仍处于大有作为的重要战略机遇期。具体来看，我们至少有以下几大优势：

一是制造业规模优势明显。我国制造业总体规模连续 14 年位居全球第一。2023 年，我国工业经济总体呈现回升向好态势，信息通信业加快发展，高质量发展扎实推进。

二是劳动者素质不断提高。在人口数量红利趋于下降的同时，我国每年大学以上学历的毕业生超过 700 万人，2012—2022 年，我国大学毕业生数量累计超过 8 700 万人，新增劳动力平均受教育年限上升到 14 年，科研人才数量稳居全球首位，人力资本质量的红利正在显现。人力资本的质量优势会在很大程度上抵消人口数量红利的下降。而且，有相当一部分人能够满足跨国公司用人标准，这也是越来越多的跨国公司选择在中国建立研发总部的重要原因之一。高素质人才队伍业已成为我国制造业企业参与国际竞争的新优势。

三是中国有全球最完善的工业体系。据统计，我国是世界上唯一的在联合国工业大类目录中，拥有所有工业门类的国家，具有全球最为完备的工业体系和产业配套能力。这是我国实现制造业强国宝贵而难得的坚实基础。

四是制造业受到了国家的高度重视，具有良好的政策环境。工业投资稳中有进。2023 年，我国工业固定资产投资同比增长 9%，其中，制造业投资增速自 2023 年 8 月以来呈加快态势，汽车、电气机械器材、化工、有色金属等行业投资实现两位数增长，工业经济持续发展后劲充足。

2024 年，工业经济发展面临的内外部环境依然严峻复杂，但我国拥有完整的产业体系、超大规模市场和完善的信息基础设施等优势，工业经济长期向好的趋势不会改变。我国将围绕高质量发展这一首要任务，积极应对内外部风险挑战，巩固增强工业经济回升向好态势，持续推进工业、通信业等产业高质量发展。

2. 走新型工业化之路，发展新质生产力

在全球主要大国近年来纷纷高度重视制造业并用新技术重塑制造业的背景下，我国提出了实现制造强国“三步走”战略，如图 5-1 所示。

第一步：力争用十年时间，迈入制造强国行列。到 2020 年，基本实现工业化，制造业大国地位进一步巩固，制造业信息化水平大幅提升。掌握一批重点领域关键核心技术，优势领域竞争力进一步增强，产品质量有较大提高。制造业数字化、网络化、智能化取得明显进展。重点行业单位工业增加值能耗、物耗及污染物排放

明显下降。到 2025 年，制造业整体素质大幅提升，创新能力显著增强，全员劳动生产率明显提高，两化（工业化和信息化）融合迈上新台阶。重点行业单位工业增加值能耗、物耗及污染物排放达到世界先进水平。形成一批具有较强国际竞争力的跨国公司和产业集群，在全球产业分工和价值链中的地位明显提升。

第二步：到 2035 年，我国制造业整体达到世界制造强国阵营中等水平。创新能力大幅提升，重点领域发展取得重大突破，整体竞争力明显增强，优势行业形成全球创新引领能力，全面实现工业化。

第三步：新中国成立一百年时，制造业大国地位更加巩固，综合实力进入世界制造强国前列。制造业主要领域具有创新引领能力和明显竞争优势，建成全球领先的技术体系和产业体系。

图 5-1　制造强国“三步走”战略

政策连线

2021年12月，工业和信息化部等八部门联合印发的《“十四五”智能制造发展规划》提出，“十四五”及未来相当长一段时期，推进智能制造，要立足制造本质，紧扣智能特征，以工艺、装备为核心，以数据为基础，依托制造单元、车间、工厂、供应链等载体，构建虚实融合、知识驱动、动态优化、安全高效、绿色低碳的智能制造系统，推动制造业实现数字化转型、网络化协同、智能化变革。到2025年，规模以上制造业企业大部分实现数字化、网络化，重点行业骨干型企业初步应用智能化；到2035年，规模以上制造业企业全面普及数字化、网络化，重点行业骨干型企业基本实现智能化。

2023年9月，全国新型工业化推进大会召开，会上传达了习近平总书记重要指示，新时代新征程，以中国式现代化全面推进强国建设、民族复兴伟业，实现新型工业化是关键任务。要完整、准确、全面贯彻新发展理念，统筹发展和安全，深刻把握新时代新征程推进新型工业化的基本规律，积极主动适应和引领新一轮科技革命和产业变革，把高质量发展的要求贯穿新型工业化全过程，把建设制造强国同发展数字经济、产业信息化等有机结合，为中国式现代化构筑强大物质技术基础。

2024年1月16日，工业和信息化部、国家发展和改革委员会联合印发的《制造业中试创新发展实施意见》提出，到

2025 年，我国制造业中试发展取得积极进展，重点产业链中试能力基本全覆盖，数字化、网络化、智能化、高端化、绿色化水平显著提升，中试服务体系不断完善，建设具有国际先进水平的中试平台 5 个以上，中试发展生态进一步优化，一批自主研发的中试软硬件产品投入使用，中试对制造业支撑保障作用明显增强。到 2027 年，我国制造业中试发展取得显著成效，先进中试能力加快形成，优质高效的中试服务体系更加完善，中试发展生态更加健全，为产业高质量发展提供有力支撑。

3. 国家推动数字职业发展

（1）什么是数字职业?

国家互联网信息办公室发布的《数字中国发展报告（2022 年）》显示，2022 年中国数字经济规模已达到 50.2 万亿元，占国内生产总值比重提升至 41.5%，总量稳居世界第二。数字经济蓬勃发展，全面渗透和深刻影响生产、流通、消费等各环节，孕育催生了一批新兴数字职业。数字职业是一种全新的职业性质，它与传统职业不同，不仅涉及创新性的技术、社会关系和商业模式，而且具有丰富的信息技术背景。数字职业的介入和发展可以为企业带来灵活性、适应性和创新性，节约成本和提高效率，帮助企业以更低的成本更有效地实现目标，如图 5-2 所示。

人力资源社会保障部发布的《中华人民共和国职业分类大典（2022 年版）》，首次标注了机器人工程技术人员、数字化解决方案设计师、智能楼宇管理员、农业数字化技术员、数字孪生应用技术员等在内的 97 个数字职业，占职业总数的 6%。众多数字职业在不断涌现的新技术、新场景、新需求背景下逐渐兴起，正是数字经济变革在职业领域的突出表现。此次标注数字职业体现了国家对数字领域人才的高需求量和高重视度，数字人才的刚需时代已然开启，数字人才队伍的培养建设势在必行。

图 5-2　数字职业

（2）国家政策推动数字职业发展

《中华人民共和国国民经济和社会发展第十四个五年规划和 2035 年远景目标纲要》提出，要加快数字化发展，建设数字中国，并对数字经济、数字社会、数字政府建设作出了系统部署。党的二十大报告提出，加快建设制造强国、质量强国、航天强国、交通强国、网络强国、数字中国，并对加快发展数字经济提出明确要求。我国将发展数字经济与数字技术创新定位为国家战略，意味着数字职业将面临更广阔的发展空间。众多数字职业在数字化发展趋势下不断涌现，数字领域从业人员规模逐渐壮大，已成为我国数字经济发展的重要驱动力量。

党的二十大报告强调，加快发展数字经济，坚持人才是第一资源，强化现代化建设人才支撑。随着数字化时代到来，数字技术、数字产业成为当今世界科技创新和经济发展的最前沿，发展数字经济已成为各国竞争的主战场，要想在竞争中取胜，离不开人才的作用。

（3）数字职业人才供不应求

随着数字经济的快速发展，数字职业人才需求也快速增长。但数字职业人才的数量远不能满足数字经济发展需要，数字人才缺口巨大，而且伴随数字产业化和产业数字化的快速推进，这一缺口还将继续扩大。

我国数字职业人才之所以供不应求，原因主要有三方面：一是供求速度不匹配，数字技术和数字经济快速发展，对数字人才的需求呈井喷式增长，而人才培养是有一个过程的；二是高校数字人才培养体系尚不健全，高校专业和课程设置、师资配备、招生规模远不能满足数字人才培养的需要；三是产学研协同育人模式不足，培养兼具理论基础和实践技能的高素质数字人才是需要产学研协同育人的，而目前各高校的协同育人体制机制和模式还不完善，效果也不如预期。

从发展趋势看，随着制造业、服务业数字化转型和高质量发展，这些领域的数字职业将进一步增长，保障数字经济安全发展的数字安全领域也面临着人才不足的挑战。相关机构调研结果显示，2021 年我国网络安全人才缺口达 140 万人，到 2027 年缺口将超过 300 万人，同样供不应求的还有虚拟现实、数字孪生等领域数字职业人才。

随着数字经济规模的不断壮大，数字技术的更新迭代，数字化治理的改进完善，数字职业将与时俱进地建立动态更新机制，进一步加强在教育培训、技术创新、就业创业等方面的研究与推广，更好地促进数字人才为数字经济产业的发展提供原生动力，为数字中国建设提供强有力的人力资源支撑。

智能制造人才助力高质量就业

1. 智能制造人才现状

（1）基本情况

智能制造发展离不开人才的培养与支持，人才是智能制造发展的第一资源，强化智能制造人才培养、加强智能制造人才队伍建设是推进智能制造有效实施的前提和保障。智能制造人才是满足先进制造技术与新一代信息技术深度融合，服务制造业创新驱动、质量优先、绿色发展、转型升级需求的专业人才，既需要具有机械工程、电气工程或新一代信息技术的专业型人才，也需要具备机电、控制、计算机等专业知识的跨学科人才，同时还需要兼备交叉学科背景的系统级人才，如图 6-1 所示。

智能制造人才数量逐年增加，以本科学历为主，人员年轻化，专业多样化。2022 年，智能制造工程技术人员数量为 220.51 万人，同比增长 8.46%；智能制造从业人员数量为 1 225.08 万人，同比增长 9.03%；本科学历人员占比达到 55.59%，35 岁以下人员占比达到 68.33%；计算机类、机械类、电子信息类、自动化类、电气类、仪器类等六大类工学专业类别是智能制造工程技术人员的主要来源。

图 6-1　智能制造人才

我国智能制造人才在不同地区发展和需求不平衡，从地区看，“东强西弱”状况基本不变。智能制造工程技术人员主要集中在北京、广东、上海、江苏、浙江，对智能制造人才有招聘需求的企业也大多集中在这 5 个省市。智能制造工程技术人员的岗位序列包含系统工程、设计工程、制造工程、运维工程、信息工程和管理工程六类专业岗位，其职业能力特征应具有一定的学习能力、计算能力、表达能力和空间感，需要具备基本能力和一定的专业知识能力。

（2）存在的主要问题

一是人才结构和分布不合理。智能制造领域大量优秀人才流入到互联网、电商等高薪行业，东部沿海地区、珠三角、长三角等发达地区人才“虹吸”现象也导致行业、区域的人才不均衡；智能制造人才相关政策方面针对性不强、激励动力不足，吸引和留住人才的力度有限，也加剧了一些中小城市和欠发达地区的人才短缺现状。

二是人才短缺加剧，复合型人才严重不足。智能制造人才存量不够、供给不足且流失严重，潜在劳动力不足，具备实际操作经验和创新精神的高素质、高复合技能型人才匮乏。

三是人才供需矛盾突出。智能制造人才需求持续上涨，目前高等院校智能制造人才培养尚处于初期阶段，还缺乏跨学科、综合性的培养模式和课程体系，导致人才培养难度增大，人才培养质量与数量均无法满足智能制造发展需求。

四是制造企业人才培养机制尚不健全。我国智能制造领域的人才培养机制还不够健全，制造企业缺乏完善的智能制造人才培养体系和课程设置。

五是产教融合深度不够、机制不全、资源不足。高校和企业在人才培养方案制定、课程设置、实践教学、科研创新等方面没有形成完善的合作机制，主要停留在实习、实训等浅层次的合作上，缺乏先进的实验设备和实践基地，难以满足人才培养的需求。

2. 智能制造工程技术人员

（1）智能制造工程技术人员是什么？

为贯彻落实《关于深化人才发展体制机制改革的意见》，推动实施人才强国战略，促进专业技术人员提升职业素养、补充新知识新技能，实现人力资源深度开发，推动经济社会全面发展，根据《中华人民共和国劳动法》有关规定，人力资源社会保障部联合工业和信息化部组织有关专家，制定了《智能制造工程技术人员国家职业技术技能标准》。

智能制造工程技术人员是从事智能制造相关技术的研究、开发，对智能制造装备、生产线进行设计、安装、调试、管控和应用的工程技术人员。国家标准对初级、中级、高级的专业能力要求及相关知识要求依次递进，高级别涵盖低级别的要求。

（2）智能制造工程技术人员有哪些？

对于智能制造工程技术人员来说，智能制造共性技术运用、智能制造咨询与服务为共性职业功能。初级、中级智能制造工程技术人员在智能装备与产线开发、智能装备与产线应用、智能生产管控、装备与产线智能运维四个方向中选择其对应的职业功能，高级智能制造工程技术人员则增加智能制造系统架构方向。

智能制造工程技术人员有以下方向选择：

①智能装备与产线开发方向的职责是开发、设计智能装备与产线（包括单元模块、子系统及系统）及研制生产工艺。

②智能装备与产线应用方向的职责是制定并实施智能装备与产线安装、调试、部署的方案，根据实际情况优化系统，提高产品加工质量、生产效率和设备利用率。

③智能生产管控方向的职责是配置、集成与设计智能生产管控系统和智能检测系统，并进行生产过程管控。

④装备与产线智能运维方向的职责是配置、集成、设计和研发装备与产线的智能远程运维系统，并进行设备健康状态分析、预测性维护策略制定和设备维护保养。

⑤智能制造系统架构方向的职责是根据行业企业特点，构建智能工厂、智能供应链和智能服务体系，并提出实施方案，组织、协调与评估智能制造系统实施等过程中的技术活动。

智能制造工程技术人员分布在机械与自动化、国防与交通运输设备制造、信息技术、新材料制造、新兴医疗制造和能源与环保这六大类行业。在智能制造的产业链上，云计算、大数据和人工智能技术的发展成为智能制造业发展的底层驱动力，是智能制造系统具备数据采集、数据处理、数据分析能力的基础设施。

3. 在校培养与社会培训

（1）在校培养

2017年以来，教育部积极推进新工科建设，积极探索工程教育的中国模式和中国经验，着力推动高等教育现代化。智能制造工程专业立足“新工科”培养理念，主要涉及智能产品设计与制造、智能装备故障诊断与运维、智能工厂系统运行、管理及系统集成等，培养能够胜任智能制造系统分析、设计制造、集成运营等工作，交叉融合的复合型工程技术人才。

智能制造工程专业致力于培养德智体美劳全面发展，具有数学、自然科学基础和机械、信息、控制、人工智能、管理、人文社科等相关学科知识及国际视野，具备发现、分析、解决智能制造领域的复杂工程问题能力，身心健康并具有良好道德修养、社会责任感和终身学习能力的高素质专门人才。毕业生能够在企事业单位从事智能制造相关产品及系统技术的研究、开发、管理和服务，胜任智能装备与产线设计开发应用、智能生产管控与产线运维、智能制造技术运用与服务等某一方面的工作，成为本领域的技术骨干或管理人员，如图 6-2 所示。

图 6-2　智能制造人才在校培养

智能制造工程人才培养，要面向制造强国建设等国家重大需求，面向未来科技、产业和社会发展需要，培养和造就具有技术开拓能力和国际竞争力的领军人才、具有创新精神和跨界整合能力的高技术人才、具有较强实践能力的应用型高技能人才，以及高质量、高水平的高级管理人才。高校应根据自身办学特色和实际情况，科学合理地确立本校智能制造工程人才的培养定位，制定能够实现培养目标的人才培养方案，使学生掌握智能制造工程的基础理论和专业知识，了解智能制造工程的前沿技术，为走上工作岗位解决智能制造的复杂工程问题打下基础。

教育部在《新工科研究与实践项目指南》中明确提出，新工科建设需要加快探索建设一批集教育、培训、研究于一体的实践平台。智能制造工程人才培养要坚持开放办学，以产业发展为牵引，深入开展产学研协同育人，以科技发展和产业技术进步的最新需求，拉动智能制造工程新工科建设。从面向未来的视角，审视智能制造人才培养模式的变革，着力培养学生的智能思维和技术素养、自主学习和终身学习的能力、创新精神和实践能力、跨学科学习和跨界合作的能力、独立分析和解决复杂问题的能力。

智能制造工程教育知识体系包含五个知识领域：智能制造工程基础、智能设计原理与方法、智能制造技术与工艺、智能服务与制造新模式、智能制造系统建模与控制。

经调研，截至 2023 年，全国共有 315 所高校开设了智能制造工程专业，28 个省（自治区、直辖市）的高等院校开设了智能制造工程本科专业。共有 15 所院校开设了高职本科智能制造工程技术专业。计算机科学与技术、软件工程、物联网工程本科专业新开设高校数量稍有增加，物联网应用技术、智能控制技术、计算机应用技术和工业机器人技术高职专科专业新开设高校数量增加较快；工业设计本科专业、模具设计与制造高职专科专业开设高校数量稍有下降。智能制造相关专业本科生、专科生的招生规模、毕业生规模呈现小幅增长。2023 年，智能制造相关专业本专科毕业生规模约为 195.7 万人，招生规模约为 227.9 万人。

（2）社会培训

除了在校培养，企业内部也在积极培养智能制造人才。但是大多数企业在智能制造人才培养方面缺乏有效的方法和完善的计划。因此，制造企业需要加强对智能制造人才的培养，制订科学的培养计划，并且通过不断地培训与实践，持续提升智能制造人才的能力水平，推动企业的智能制造进程。对制造企业而言，智能制造人才培养是一项全新、复杂、多层次、多维度的工作，其要求与企业业务特点、智能制造需求高度贴合，同时匹配智能制造领域复杂的技术和跨学科的知识。此外，企业还需要在企业智能制造人才架构上实现“梯队”培养，在不同业务领域构建适宜的知识体系。因此，制定科学的策略和具体路径对企业的智能制造人才培养至关重要。

实践探索

浪潮集团于2013年正式成立浪潮大学，并建设了支持端到端的线上培训教学平台。浪潮集团重视并主动寻找与高校、科研院所的深化合作，共建产业基地、产业学院、实训基地，在课程体系、专业建设规范和人才培养方案等方面深度合作。

以山东大学－浪潮智能制造智慧学习工场为例。基于山东大学和浪潮集团几十年的合作关系，由山东大学工程训练中心和浪潮集团共同建设了新一代智能制造实验室和协同育人基地——智能制造智慧学习工场。浪潮集团提供企业真实有用的软件系统和科学合理的课程体系，并对各设备进行有效集成，为学生提供各类智能制造实践应用场景。实验室于2020年底完成一期验收，并已开展了多期课程，有效助力了人才链与产业链融合促进。

数字产业篇

先进制造业是一国经济的命脉所在，数字经济是新一轮科技革命和产业变革的前沿阵地。在5G、大数据、工业互联网、人工智能等前沿技术的加持下，数字经济为智能制造提供了技术支持和数据基础，通过创新技术和商业模式的引入，提供了实现工业转型的新路径和新手段。中国企业端对端深耕全球市场，数字化赋能业务模式，战略布局持续完善，重点产品与市场实现快速突破。在加快实现高水平科技自立自强的征程上，“中国智造”的硬核实力不断彰显。蓝鲸1号南海开采可燃冰、中国造船业集齐“三颗明珠”、可重复使用试验航天器成功着陆、国产大型客机C919首航成功……近年来，中国企业聚焦产业转型升级，推动“中国制造”向“中国创造”转变、“中国速度”向“中国质量”转变、“中国产品”向“中国品牌”转变，取得了一系列突破性、标志性重大成果。这些成果体现了中国工业的实力，提升了国际形象，增强了民族自豪感，促进了经济增长并给民生带来更多“福利”。让我们一起跟随数字产业篇的脚步，感受中国制造业在创新驱动发展模式下，铸造国之重器，改善国计民生。

第7课

国之重器

1. 为“挖矿工”蓝鲸1号点赞

有着“海上巨兽”之称的“海工巨无霸”蓝鲸1号（见图7-1），是世界上最大、最重、最先进的超深水双钻塔半潜式钻井平台，最大作业水深3 658米，最大钻井深度15 240米，可以抵达最险峻的深海，适用于全球深海作业。那么，它究竟是做什么的？

答案是开采可燃冰。

我们先来认识一下可燃冰。可燃冰是天然气和水在高压低温的环境下合成的一种固态结晶物质。它无色透明，样子有点像在饭店里常见的固体酒精，如图7-2所示。它燃烧后只产生水和二氧化碳，对环境污染小，能量却比传统矿物能源高出至少10倍。一直以来，可燃冰被国际公认为是石油、天然气的替代能源。

中国境内已探明的可燃冰储量足够满足100年的能源使用需求，但目前已知的可燃冰大多埋藏在1 000米以下的深海海底（见图7-3），开采难度极大。早年间，我国没有较先进的海上钻井

图 7-1 “海工巨无霸”蓝鲸 1 号

图 7-2 可燃冰

平台，海上石油被其他国家疯狂地开采，技术和设备水平不够，只能长期依赖国外进口设备。因技术受制于人，一旦外国停供零配件，我国的海洋能源安全、国防安全都会面临严重威胁。因此，在如此重要的领域，中国必须具备自主研发的能力。

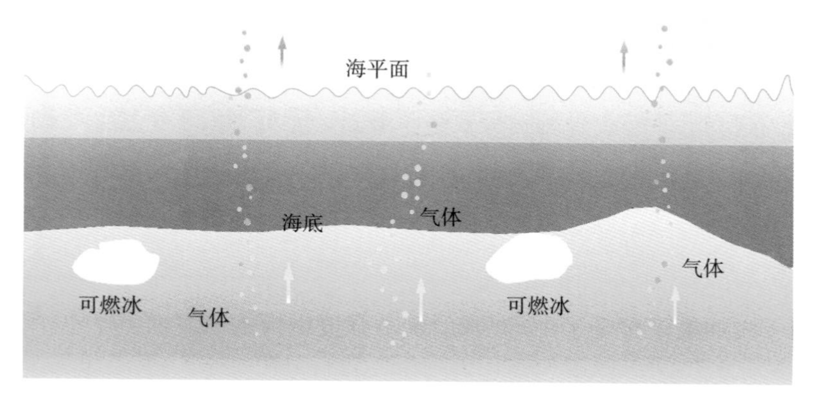

图 7-3　可燃冰埋藏在深海海底

2017 年 2 月 13 日，蓝鲸 1 号由山东烟台中集来福士海洋工程有限公司（简称“中集来福士”）建造并交付。中集来福士完成了蓝鲸 1 号从设计到采购、生产、调试至最终交付的总承包建造，并顺利通过中海油安全运营管理体系认证，交付后即刻投入作业。

让我们了解一下蓝鲸 1 号建造成功背后的故事。

（1）建造工期短，突破传统的造船规则

全世界对可燃冰的试采竞争已进入白热化，美国、日本的研究已经领先，要想迎头赶上，蓝鲸 1 号必须尽快完工。如果采用船舶中惯用的脚手架施工，自下而上一层层搭建，即便上千名工人昼夜

加班赶工，蓝鲸 1 号也不可能按时交付。要想缩短工期，必须突破传统的造船规则。最终方案将蓝鲸 1 号 118 米高的身躯分为几部分，建造完毕后再拼装组合，从而完成蓝鲸 1 号庞大骨架的大合龙。

（2）给平台的关键部位寻找特种钢板

蓝鲸 1 号的设计寿命是 25 年，并且能够在全球 95% 的海域作业。这要求蓝鲸 1 号的钢板要够厚够强，能抵御海水年复一年的拍打和腐蚀。同时，还要有足够的韧性抵挡 16 级狂风大浪的猛烈冲击。这种特殊钢材一般要从国外进口，除了要支付高昂的费用，还要经历漫长的等待。

鞍钢集团接受了 10 厘米厚度高强度钢板的研发任务。这个厚度是目前国内海洋工程的最高纪录。对于钢板来说，厚度增大，它的芯部的强度和韧性指标会相应地降低。钢板形同武士的盔甲，护卫着蓝鲸 1 号的船体，但如果失去了强度和韧性，在大风大浪的猛烈冲击下，钢板就可能从芯部被撕裂。

传统高温压榨方式炼出的钢材表面的强度和韧性足够，但钢材中心抗冲击的韧性不达标。鞍钢集团反其道而行，用长时间的低温慢慢轧制，轧制的过程像是擀饺子皮儿，将预先炼制好的金属块在滚轮下通过一遍遍轧制，达到预定的厚度。最终炼出的钢板通过了蓝鲸 1 号建造工程师们严苛的技术测试，钢板中心的韧度和强度完全达到要求。

（3）惊心动魄大合龙

和两只钢铁巨靴的下船体同步完工的上船体是一座有着 20 层楼高的超级甲板，它包含钻塔、井架、发电机房、直升机平台和员工宿舍等重要设施，总质量达到 18 750 吨，相当于 15 000 辆家用轿车的质量。工程师们要将近一个足球场面积大小的上船体整体吊起，与下船体实施精准对接。甲板被 200 根钢缆捆绑住，每一根钢缆通过一个吊耳与甲板固定。一旦某个吊耳发生断裂，受力不均，200 个吊耳就会像多米诺骨牌一样接连断裂，导致上船体钢板被撕裂，变成一场灾难。泰山吊，全世界起重能力最大的桥式起重机，一次可吊起 2 万吨的重物，只有它可以吊起蓝鲸 1 号的上船体。

焊接点的探伤是一个需要耐心的细致活儿，工程师们用近乎吹毛求疵的要求来确保起吊的万无一失。最后历经惊险漫长的 16 小时，将一个足球场大小的上平台提升 40 米，对齐安放到了下平台的 4 根钢柱上（见图 7-4），安装误差不超过 20 毫米。

（4）切断供电，开启死船重启试验

8 台巨型推进器随时校准蓝鲸 1 号在汪洋大海中的位置，保证它在 12 级大风中位移依然不超过 1 米。推进器正常运转必须有电力保障，如果电力中断，8 台推进器就会停止工作，蓝鲸 1 号就彻底失控，会像一片树叶在海上漂着一样。启程试航总指挥要做一项极为危险的系统测试，他要人为切断整个蓝鲸 1 号的电力供应，8 台推进器将停止工作，开启死船重启试验。蓝鲸 1 号上万台设备的供电被瞬间切断，但在 45 秒内，蓝鲸 1 号用惊人的速度自动恢复

图 7-4　上下船体大合龙

了全部供电。测试成功，预示着蓝鲸 1 号的所有系统都已实现自动控制。蓝鲸 1 号远赴南海，成功完成可燃冰的试采任务，创造了中国的又一项世界纪录，这个试产成功打破了欧美垄断。

蓝鲸 1 号的成功建造，标志着中国的核心装备技术研发又一次实现了重大突破。“蓝鲸”系列超深水双钻塔半潜式钻井平台代表了当今世界海洋钻井平台设计建造的最高水平，为中国能源战略和海洋强国建设提供了先进的装备保障，中国已成功跻身全球深水海工装备领域第一梯队。

2. 国产大邮轮集齐造船业“三颗明珠”

2023 年 11 月 4 日，国产大邮轮“爱达·魔都号”（见图 7-5）

正式交付使用，这是我国在大型邮轮制造领域取得的重大突破，标志着我国成为唯一能同时制造造船业“三颗明珠”（航空母舰、大型液化天然气运输船、大型邮轮）的国家。大型邮轮被誉为移动的高度集成化、系统化、信息化的“海上度假村”和“海上现代化城市”，是智能制造、高端制造的大集成，进一步展示了我国在高端制造业领域的实力和潜力。

图 7-5　国产大邮轮“爱达 · 魔都号”

（1）中国造船业三大指标实现全球领先

根据工业和信息化部统计，2023 年前 10 个月，中国造船业三大指标实现全球领先。其中：全国造船完工量 3 456.3 万载重吨，同比增长 12.0%；新承接船舶订单量 6 105.7 万载重吨，同比增长 63.3%；手持船舶订单量 13 382 万载重吨，同比增长 28.1%，中国造船新接订单量占世界市场份额的 67%，未来新造的每 10 艘船中，中国建造的就有近 7 艘。多年来，从“跟跑”到“领跑”，从仿制引进到自主创新，中国造船行业的发展诠释出了海洋建设的中国速度，彰显出中国在海洋工程装备制造领域的强劲实力。

（2）“爱达·魔都号”是我国自主研发建造的第一艘大型邮轮

“爱达·魔都号”全长 323.6 米，宽 37.2 米，最大高度 72.2 米，相当于 24 层楼高，质量达 13.55 万吨。全船共有 20 层甲板，拥有 2 826 间舱室，其中房舱 2 125 间，可载客 5 246 位。邮轮内设有各种娱乐设施，如剧院、健身房、游泳池等，给乘客提供了舒适便捷的旅行体验（见图 7-6 至图 7-8）。

图 7-6 “爱达·魔都号”甲板

图 7-7 “爱达·魔都号”餐厅

图7-8 “爱达·魔都号”客房

（3）“爱达·魔都号”背后的科技含量

“爱达·魔都号”建造方为中国船舶集团有限公司（简称“中船集团”）下属上海外高桥造船有限公司。历经8年科研攻关、5年设计建造，2024年1月1日，“爱达·魔都号”开始进行7天6夜的首航。

“爱达·魔都号”的建成是我国在大型邮轮制造领域取得的重大突破。在此之前，我国的邮轮制造主要集中在中小型邮轮上，大型邮轮的制造技术一直被国外企业所垄断。我国成为继德国、法国、意大利和芬兰之后，全球第五个有能力建造大型邮轮的国家。

根据中船集团方面的信息，“爱达·魔都号”全船搭载107个系统、5.5万个设备，包含2 500万个零部件，其数量相当于C919大飞机的5倍、“复兴号”高铁列车的13倍。完工敷设4 750千米电缆、365千米管系、120千米风管。另有公开报道称，“爱达·魔都号”光是设计图纸就有 15 万多份、质量达 2.1 吨。

值得一提的是，其中部分技术已经做到行业领先。例如，船上搭建的数字化平台可以实现设计、采购、物流、计划等环节的线上应用，促进产业链上下游信息共享、协同管理。上海外高桥造船有限公司相关人士透露，此前已有的平台最多只能处理 2 万条计划，而外高桥造船自主开发的数智化平台可以同时处理 20 万条计划安排。

作为全球首艘 5G 邮轮，单就网络场景来说，为了给乘客提供极致的上网体验，“爱达·魔都号”部署了 5G、Wi-Fi 6、卫星等天地一体组网形成的多种网络形式，同时解决了网络的安全隔离与控制、网络负载均衡、安全防护和可视化、运维管理、威胁应对等多种挑战。

“爱达·魔都号”设计总质量为 13.55 万吨，船身自重约 6.5 万吨，邮轮自重增大，登船物资或人数就要减少。另外，邮轮有高达 16 层的上层建筑生活区，如果上面的壁板、家具等材料重量增加，船的重心就会变高，稳定性就会变差，因此大邮轮要做轻量化设计。在减重方面，建造者研发了轻量化的铝蜂窝板新产品。通过智能化手段和自动化控制，减小焊接误差导致的变形，从而避免了采用水泥和树脂材料加以填充弥补，更大限度降低船体自重。为了减振降噪，“爱达·魔都号”上所有存在振动的机械设备均进行了减振处理，邮轮内还设置 1 400 多个监测点，实时检测噪声污染情况。这些都标志着我国造船业自主实现了大型邮轮重量控制、减振降噪等主要核心技术的突破。

（4）拉动配套产业发展

大型邮轮作为一种高端旅游产品，具有很高的附加值和吸引力。公开资料显示，在邮轮经济领域，业界公认1∶14的带动效应，即发展1个造船业，可以带动包括机械制造、材料、电气自动化、旅游、房地产等14个相关产业的发展。业内人士认为，此次“爱达·魔都号”的成功启航，对于我国邮轮产业链的完善和升级具有深远影响。造船业本身是劳动密集型、资金密集型、技术密集型的一个行业，所以中国造船业的崛起对中国经济发展具有很大的辐射作用。

3. 我国可重复使用试验航天器成功着陆

（1）可重复使用试验航天器

2023年12月14日，我国在酒泉卫星发射中心，运用长征二号F运载火箭，成功发射了一型可重复使用试验航天器。

可重复使用试验航天器将在轨运行一段时间后，返回国内预定着陆场，其间将按计划开展可重复使用技术验证及空间科学试验，为和平利用太空提供技术支撑。

那么我国一共发射了几次可重复使用试验航天器？查阅相关资料，我们回顾一下中国可重复使用试验航天器发射记录，见表7-1。

表 7-1　中国可重复使用试验航天器发射记录

发射时间	发射场	意义
2020 年 9 月 4 日	酒泉	中国可重复使用试验航天器技术研究取得重要突破
2021 年 7 月 16 日	酒泉	首飞任务取得圆满成功，为我国重复使用天地往返航天运输技术发展奠定了坚实的基础
2022 年 8 月 5 日	酒泉	标志着我国可重复使用试验航天器技术研究取得重要突破，后续可为和平利用太空提供更加便捷、廉价的往返方式
2022 年 8 月 26 日	酒泉	成功实现我国亚轨道运载器的首次重复使用飞行
2023 年 12 月 14 日	酒泉	将按计划开展可重复使用技术验证及空间科学试验，为和平利用太空提供技术支撑

（2）可重复使用试验航天器与宇宙飞船的区别

可重复使用试验航天器，顾名思义是在设计过程中考虑了重复使用，涵盖发射、入轨、返回大气层、降落回收的航天器。这与传统的航天器有很大的差别。传统的航天器在使用结束后往往无法回收、再次使用，例如普通卫星等航天器在寿命到期后，不是成为太空垃圾继续漂泊，就是进入大气层燃毁。卫星、宇宙飞船、航天飞机、空间站、深空探测卫星，这些都是航天器。

宇宙飞船是一个绕地球做圆周运动的近圆轨道航天器，它通过运载火箭的强大推力，为飞船提供速度，从发射点进入轨点，而在太空中只能完成简单的对接等任务，再通过返回舱返回地球，其他舱则留在太空或进入大气层焚毁。

航天飞机在发射阶段也是借助火箭获得强大推力的，但它在轨道上运行时，可在机载有效载荷和乘员的配合下完成多种任务，返回地面时能够像滑翔飞机一样借助气动力实现减速、滑翔，在指定地点的跑道上着陆。

从某种意义上来说，宇宙飞船算是可重复使用试验航天器的一种，但可重复使用试验航天器却不一定是宇宙飞船。

（3）可重复使用试验航天器的强大功能

可重复使用试验航天器可以完成一般航天器无法完成的操作，例如，向近地轨道释放卫星，向高轨道发射卫星，从轨道上捕捉、维修和回收卫星等。更重要的是，它还可以返回地球，重复使用，这种技术比重复利用的火箭、宇宙飞船等更具有前景性。

可重复使用试验航天器在进入地球轨道后，得到北斗卫星导航系统的支持，实现对航天器长时间的在轨控制和监测。在轨期间，它充分利用流星雨、空间垃圾、人工干扰等多种自然环境的特点，同时进行了射频干扰、地球磁场探测等多项技术试验和科学试验。

作为一种前沿航天技术，可重复使用试验航天器不仅能大幅降低单位有效载荷的运输成本，还能大幅缩短发射准备时间，未来有望实现航班化的天地往返运输。它可以为载人航天任务提供更多的支持。航天员在太空中执行一系列的任务，包括安装、维护和升级设备，还要进行试验和科学研究。任务完成时，航天员需要一种可重复使用的载具返回地球。通过使用可重复使用的技术，太空探索的成本将会大大降低，因为这种技术能够减少每次任务的重复造车，同时减少发射的需求和废弃物的产生。

可重复使用试验航天器的成功着陆，对我国未来的太空探索将产生重要的影响。可重复使用技术的应用将为我国未来的空间站建设和载人深空探测提供更为可靠的保障。多项技术的突破也将为我国航天事业的快速发展提供新的机遇和挑战，向全世界展示中国在太空技术方面的强大实力，我们期待着中国航天事业在未来的探索中取得更加辉煌的成就。

第8课

国计民生

1. 智能云加速产业智能化，激发经济新活力

（1）一朵智能的云

智能云无处不在。它可以调配水电、合理预测需求、降低输送成本、提升运营效率、助力绿色环保。它可以洞察城市，精准感知城市面貌，优化城市治理能力，让城市运转更流畅、人们生活更舒适。它可以跨越时空，缩短时间与空间的距离，让货物运输更快捷、过程更安全。它很高效，可以让生产线学会思考，使工业知识得以沉淀，自主提高制造效率，智能识别缺陷风险。它也很聪明，可以激活金融数据，识别潜在问题，让服务无处不在。

智能云 = 云计算 + 人工智能。很多企业其实期望尽快利用人工智能提升生产率和销售效率，但机器学习模型的搭建和代码编辑制约了人工智能的落地。因此各大厂商为用户搭建了一站式 AI 服务平台。该平台包含以下功能：集合众多 AI 开发工具，支持主流

的算法框架，内置主流的机器学习和深度学习算法，支持多数据源的收集和处理，支持模型的导入和导出、部署、上线等。

（2）“云”产业政策，促进“云”产业布局与发展

云计算是信息技术发展和服务模式创新的集中体现，是信息化发展的重大变革和必然趋势，近年来国家高度重视数字经济的发展，在云计算建设、技术、安全、管理等方面颁布了一系列支持政策，鼓励云计算应用创新，推动云计算与实体经济深度融合。

2023年，我国云计算业务保持快速增长，基础设施不断完善，产业链条不断拓展，融合应用不断涌现，加速赋能各行业的数字化转型升级。工业和信息化部公布的数据显示，2023年上半年我国云计算市场规模达到2 686亿元，同比增长40.11%。中国信息通信研究院发布的《云计算白皮书（2023年）》预测，到2026年全球云计算市场规模将突破1万亿美元。“云”产业的迅猛发展，让不少通信和科技企业把新的业务增长点都放在了“云”上。

国内互联网云计算企业均加大在人工智能大模型领域的研发投入，在大规模并发处理、海量数据存储等关键核心技术上不断突破，部分指标已达到国际先进水平。2023年，我国云计算市场整体呈现出快速发展态势，一系列的人工智能大模型在云端集中上线，从原来的以互联网企业上云为主，已经发展到现在越来越多的传统企业上云，比如云计算的应用在金融、工业、交通、物流等领域不断地扩展，正在加速经济社会全面的数字化、智能化转型。各地云计算布局不断提速。数据显示，2023年上半年，以云计算为代表的新型基础设施建设投资同比增长16.2%，其中智慧能源、智

慧交通等融合类新型基础设施投资增长 34.1%。我国云计算业务增长数据如图 8-1 所示。

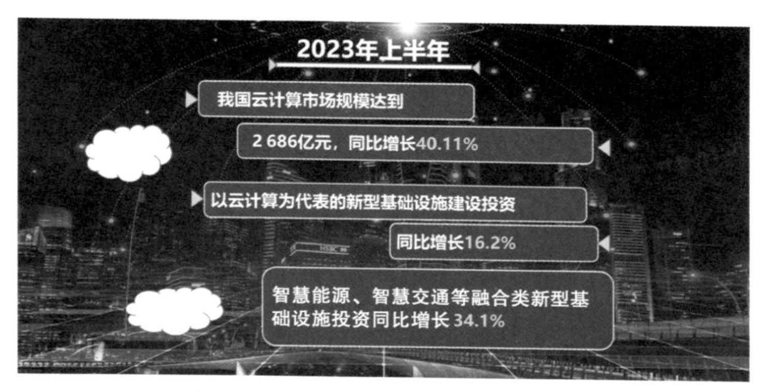

图 8-1　我国云计算业务快速增长

目前，我国已建成跨行业、跨领域的工业互联网平台 50 家，每家平均连接工业设备超过 218 万台，服务企业数量超过 23.4 万家。上海推出了“万企上云中小企业快成长加速包”。中小企业可以根据自身业务需求和成本，灵活选择数字化、智能化升级所需的资源项目，并一站式完成上云所需的各项配置。天津市政府出资购买云服务，免费给 500 万家中小企业上云，40% 的企业一年以后销售收入增长 20%。

（3）百度智能云应用案例

百度智能云于 2015 年正式对外开放运营，以“云智一体”为核心赋能千行百业，致力于为企业和开发者提供全球领先的人工智能、大数据和云计算服务及易用的开发工具。凭借先进的技术和丰富的解决方案，全面赋能各行业，加速产业智能化。百度智能云为金融、制造、能源、城市、医疗、媒体等众多领域的领军企业提供服务。下面介绍两个百度智能云的应用案例。

典型案例 8-1

恒逸石化利用智能云成功弥补人工检测弊端

在浙江恒逸石化有限公司的车间里，工人使用强光手电筒检查化纤（见图 8-2），每人每天至少检测 2 500 锭化纤，用肉眼至少需要看 8 小时，不仅眼睛容易看花，对视力造成损伤，而且无法保持产品检测质量的一致性和稳定性。恒逸石化围绕着质检环节这一痛点，全方位提升生产的智能化水平。智能产线上安装了 20 台工业相机，每张照片都会被拆分成上百个部分并传输至数据中心进行智能判断。通过光学成像与算法结合，实现了化纤表面的深度分析，质检工作变得格外轻松。通过智能云打造的化纤行业丝锭质检一体机（见图 8-3），成功弥补了人工检测弊端，检测能力比过往高出数十倍，大幅提升了质检效率。

图 8-2　工人使用强光手电筒检查化纤

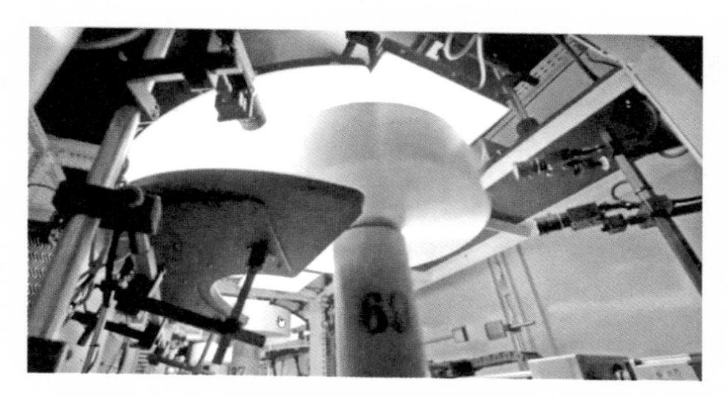

图 8-3　智能云打造的化纤行业丝锭质检一体机

典型案例 8-2

中国建材集团智能引流和智慧调度解决企业痛点

中国建材集团与百度智能云开展“我找车智慧物流平台”项目合作，也是一个典型的案例。百度智能云帮助企业实现了车辆的精准匹配、企业内部资源的融合对接，做到智能引流和智慧调度。特别是在减少车辆空驶、缩短排队时间上解决了大问题。排队时间从以前的几个小时缩短到现在的十几分钟，单位物流成本降低 2 元至 5 元，仅仅这一项，就为中国建材集团降低成本大约 20 亿元。同时，也保障了货物的安全。中国建材集团找准了物流作为切入点，将企业的痛点变成新发展的起点，挑战就是机遇。

2. 国产大飞机走近广大消费者

2023 年 5 月 28 日，全球首架载有近 130 名旅客的东航 C919

完成了从上海到北京的空中之旅。C919 飞机缓缓穿过象征着民航最高礼仪的“水门”，人们一起见证了这个历史性的时刻。MU9191 航班（见图 8-4）运行，标志着 C919 的“研发、制造、取证、投运”全面贯通，中国民航商业运营国产大飞机正式“起步”，中国大飞机的“空中体验”正式走近广大消费者。

图 8-4 MU9191 执行上海到北京航班

（1）走近 C919，体验航空之旅

C919 机长 38.9 米、翼展 35.8 米、机高 11.95 米，空机质量 45.7 吨、最大商载 18.9 吨，座级 158～192 座，航程 4 075～5 555 千米，具有安全、经济、舒适、环保的特点。采用先进气动设计、先进推进系统和先进材料，碳排放更低、燃油效率更高。

在设计方面，C919 驾驶舱有 5 块 15.4 英寸[①] 高清显示屏，人机交互便捷；大面积双曲风挡玻璃给飞行员提供了开阔的视野。

① 1 英寸 =2.54 厘米

C919 有公务舱和经济舱，舱内有 20 个 12 英寸吊装的显示器，支持高清电影放映。8 个公务舱的座椅为全铝合金的框架结构，采用摇篮式的设计，后靠可以达到 120°，前后间距 1 米。156 个经济舱采用两边都是 3 个座位的布局，过道高度 2.5 米。宽敞、全新设计的 C919 内部机舱如图 8-5 所示。

图 8-5　C919 内部机舱

（2）C919 成长记录

从 2007 年 C919 项目立项到 2023 年首架 C919 开启商飞，C919 从无到有，无数人见证了这 16 年。2007 年 C919 项目立项，13 个省市、47 家单位、468 位专家联合科研、设计，确定总体技术方案（见图 8-6）。终于在 2015 年 11 月 2 日，承载着中国人梦想的 C919 首架机完成总装下线（见图 8-7）。

图 8-6　总体技术方案确定

图 8-7　C919 大型客机首架机总装下线

2017 年，C919 成功首飞，随后踏上了试验试飞的征途。2017—2022 年，C919 飞越五湖四海，经受冰雪大风、高温严寒的严酷考验，向失速、最短距离刹车、最小离地速度等极限试验发起挑战，交出一份份圆满的“答卷”。2018 年，C919 通过全机 2.5 g 机动平衡工况极限载荷（150% 限制载荷）静力试验。图 8-8 所示为 C919 在新疆吐鲁番交河机场进行高温试验试飞，图 8-9 所示为 C919 在内蒙古呼伦贝尔机场进行高寒试验试飞，图 8-10 所示为 C919 在南昌瑶湖机场进行溅水试验试飞。

图 8-8　高温试验试飞

图 8-9　高寒试验试飞

图 8-10 溅水试验试飞

2022 年 8 月 1 日，C919 完成功能和可靠性试飞，飞机日均利用率达 9 小时，完成全部试飞验证 579 个科目、3 748 个飞行试验状态点。2022 年 9 月 29 日，C919 取得中国民航局型号合格证（TC），拿到投放市场的“入场券”。同年 11 月 29 日，中国民航局向中国商飞公司颁发 C919 大型客机生产许可证，标志着 C919 大型客机向产业化发展迈出了坚实一步。2022 年 12 月 9 日，C919 全球首架机正式交付中国东方航空。为满足航线运行要求，2022 年 12 月 26 日起，中国东方航空全球首架 C919 开始进行总计 100 小时的验证飞行，起降的机场涉及 9 个省市、10 座机场，全面模拟整个航班的运行过程，检验其航线运行能力。2023 年 5 月 28 日，中国东方航空使用中国商飞公司全球首架交付的 C919 大型客机，执行 MU9191 航班，从上海虹桥机场起飞，飞往北京首都机场。

3. 智能传感器助力信息技术产业创新发展

（1）智能传感器引领智能感知未来

传感器技术的创新正引领着人们走向一个智能感知的未来，传感器应用的无限可能性为我们的生活和工作带来了更多创新的可能。

智能传感器在生活中随处可见。体重秤上显示你新增的 5 千克，自拍的美颜照片，每天跟你互动的智能音箱，被拍下的超速罚单……生活中的这一切都离不开传感器。人们为了从外界获取信息，必须借助于感觉器官，而单靠人们自身的感觉器官在研究自然现象规律及生产活动中是远远不够的。为了适应这些情况，就需要传感器。

传感器可以理解成电子化智能的触觉，帮助人来实现体感、压感、嗅觉、听觉、视觉等方面感知，把一些感知的信号转化成新的电子信号。传感器芯片更像是网络神经元，负责信息传输、处理、储存、显示、记录、分析等功能。近几年发展起来的智能传感器增加了更多科学技术应用的可能性。与普通传感器相比，智能传感器最大的特点是在传感器内部增加了 MCU（微控制单元），同时嵌入了很多智能算法。这样一来，智能传感器输出的就不再是简单的传感信号，而是为了完成某种特定的功能，通过很多科学的算法得到直接结果。比如普通的图像传感器输出的是连续不断的图像信号，而智能图像传感器在安防领域的应用就成为人脸识别系统，在工业领域，就成为机器视觉系统。再如，普通的声音传感器输出的是连续不断的波形信号，而智能声音传感器在民生领域可以当作辨别声音的语音识别系统，在工业领域，可以当作判断机器是否有异常的智能噪声诊断系统。

（2）智能传感技术的国家战略与发展应用

作为数字时代的感知层，智能传感器是集传感芯片、通信芯片、微处理器、软件算法等于一体的系统级产品，紧密衔接互联网、大数据、人工智能与实体经济，已成为支撑万物互联、万事智联的重要基础。伴随着工业互联网、大数据、物联网、人工智能、VR/AR 等新一代信息技术的快速发展，智能传感器的市场应用正呈现爆发式增长态势，产业发展处于重要战略机遇期。智能传感器行业是“新基建”重点发展的七大领域之一，是国家战略规划落地的关键基础。

国家高度重视智能传感器等电子元器件产业发展。2021 年 1 月，工业和信息化部印发了《基础电子元器件产业发展行动计划（2021—2023 年）》，提出要做强传感类等元器件产业，夯实信息技术产业基础。面对产业大升级、行业大融合的态势，加快电子元器件及配套材料和设备仪器等基础电子产业发展，对推进信息技术产业基础高级化、产业链现代化，乃至实现国民经济高质量发展具有重要意义。赛迪顾问数据显示，2020 年，智能传感器市场规模达到 358.1 亿美元。未来几年，随着智能制造、物联网、车联网等相关行业的发展，全球对智能传感器产品的需求将快速增长。

智能传感器在各个领域中都有广泛的应用，表 8-1 是智能传感器的几个主要应用领域。

表 8-1　智能传感器的主要应用领域

应用领域	主要功能
智能家居	可以感知家庭环境中的温度、湿度、照明等参数，并与智能家居系统相连，实现自动控制和智能化管理
工业自动化	可以实时感知生产线上的参数，并与控制系统相连，实现精准的自动化生产和监控
智能交通	用于实时监测交通流量、路况和车辆信息，为交通管理提供数据支持和决策依据
医疗健康	可以用于监测病人的生命体征、药物的使用情况等，为医疗健康提供实时监测和管理
农业领域	可以感知农田的土壤湿度、温度、光照等参数，并实时反馈给农民，帮助农民进行精准的农业生产和管理

（3）智能传感技术发展应用案例

智能传感谷——微器件，大产业

2023 年 11 月 5 日，2023 世界传感器大会在河南郑州正式拉开帷幕，郑州已连续成功举办四届，在业界产生了广泛影响。郑州智能传感器产业集群成功入选 2023 中国百强产业集群。郑州市已形成了涵盖气体、气象、农业、电力电网、环境监测、轨道交通等多门类传感器产业链。郑州智能传感谷致力于加速聚合环境传感器、智能终端传感器、汽车传感器三个特色产业链。重点建设智能传感器材料、智能传感器系统、智能传感器终端“三个百亿产业集群”，形成了“一谷六园”发展格局，培育出汉威科技、光力科技、新天科技等一大批上市企业，其中，汉威科技气体传感器国内市场占有率第一，新天科技智能水表国内市场占有率第一，光力科技瓦斯抽采管网监测系统市场占有率第一。郑州的气体传感器、红外传感器国内市场占有率第一，智慧水务、智慧环保、安全监测等整体解决方案成为行业标杆。

深圳打造全要素完备的智能传感器产业集群

2022年6月6日，深圳市工业和信息化局等三部门发布《深圳市培育发展智能传感器产业集群行动计划（2022—2025年）》，拉开深圳社会主义先行示范区建设智能传感器产业的帷幕，该行动计划提出到2025年，（深圳）智能传感器产业增加值达到80亿元，较2021年的40亿元翻番。截至2023年12月，深圳市光明区传感器企业数量从最初的16家增至107家，意向落户企业超80家，未来将成为全国最大的智能传感器产业集群。

在政策端，深圳对重大项目落地建设予以最高5 000万元资金支持，对建设先进封测服务平台或先进封装量产线、建设技术协同平台予以最高1 000万元资金支持。在资金端，光明区设立100亿元规模科学城母基金、30亿元产业引导基金，市级50亿元规模智能传感器产业基金独家落户光明区。在空间端，1.95平方千米的智能传感与精密仪器先进制造业园区——明湖智谷正加速建设，科陆智慧能源产业园等一批高品质专业园区即将推出。在研发端，大湾区首条MEMS（微机电系统传感器）中试线计划落户光明区，帮助相关中小企业实现从MEMS工艺研发、中试到小规模量产无缝对接。在伙伴端，光明区汇聚了深圳市智能传感行业协会、中国传感器与物联网产业联盟、德融宝传感器科技有限公司，正联合行业应用头部企业构建“智能传感+”创新应用生态。

典型案例 8-5

传感器为“雪龙 2 号”的安全保驾护航

“雪龙 2 号”极地考察船拥有应力检测传感器 365 个，分布在船体冰带区，如同给船舶穿上一层灵敏的智能皮肤（见图 8-11）。这些传感器紧贴舱壁，用来收集和分析船体受摩擦和冲击时的相关数据。当船破冰时，船体能形成一套自我诊断系统，对危险应力进行报警，从而降低破冰作业时可能出现的结构安全风险。

“雪龙 2 号”在船体和设备上一共布置了 7 000 多个传感器，对整船的性能、设备、系统运行状态进行监控，其一举一动全在计算机的监控之中，一旦出现信息偏差便会报警。相当于给一个人的身体布满了传感器，其呼吸、心跳等所有的参数都可以在计算机上看到，能随时判断健康状况。这些传感器为“雪龙 2 号”编织了一张安全网，它们使“雪龙 2 号”成了最安全的船舶之一。

图 8-11 “雪龙 2 号”的智能皮肤

创新驱动

2023年12月28日，工业和信息化部等八部门联合发布《关于加快传统制造业转型升级的指导意见》提出，到2027年，传统制造业高端化、智能化、绿色化、融合化发展水平明显提升，有效支撑制造业比重保持基本稳定，在全球产业分工中的地位和竞争力进一步巩固增强。工业企业数字化研发设计工具普及率、关键工序数控化率分别超过90%、70%，工业能耗强度和二氧化碳排放强度持续下降，万元工业增加值用水量较2023年下降13%左右，大宗工业固体废物综合利用率超过57%。该指导意见从五个方面提出了18条措施。这五个方面分别是：坚持创新驱动发展，加快迈向价值链中高端；加快数字技术赋能，全面推动智能制造；强化绿色低碳发展，深入实施节能降碳改造；推进产业融合互促，加速培育新业态新模式；加大政策支持力度，营造良好发展环境。

1. 离散型工厂走向智能工厂

离散型工厂是一种生产模式，它涉及将原始物料加工成具有特定功能的最终产品，这些产品的组成部分往往是独立的，且它们的结构和尺寸会随着产品的种类而有所不同。离散型工厂的行业应用包括但不限于机械加工、汽车制造、家电制造等领域。在这些行业中，产品设计和制造涉及大量的定制化工作和精密的操作。

比如离散制造业中的机加工与装配生产，存在下述特点：①工艺流程长，加工工序多，工艺参数复杂；②产品部件比较多，生产周期长，交期难确定；③排产难，严重依赖人工，作业效率低下；④定制化产品多；⑤多批次、小批量；⑥存在较多外协业务；⑦车间物料和在制品存量多；⑧加工或装配时对员工操作规范要求高。像机加工和装配行业这种高度分散型企业，亟须通过数字化转型，帮助企业实现生产过程的自动化和智能化，从而提高生产率和质量并降低生产成本。

离散制造行业数字化转型与智能化升级将深度融合先进制造技术、新一代信息技术、人工智能技术等共性关键技术（见图 9-1），从而提高研发生产率、优化资源配置、创新商业模式、催生新业态和新技术。先进制造技术是工业技术生产的核心基础，也是离散制造业数字化转型、智能化升级技术体系中最重要的环节；新一代信息技术开拓了与物理世界平行的虚拟世界，为人 - 机 - 物 - 法 - 环的交互、协同与共融提供了技术手段；新一代 AI 技术将推动社会经济从“数字经济”走向“智能经济”，催生了一系列新模式、新业态、新技术。

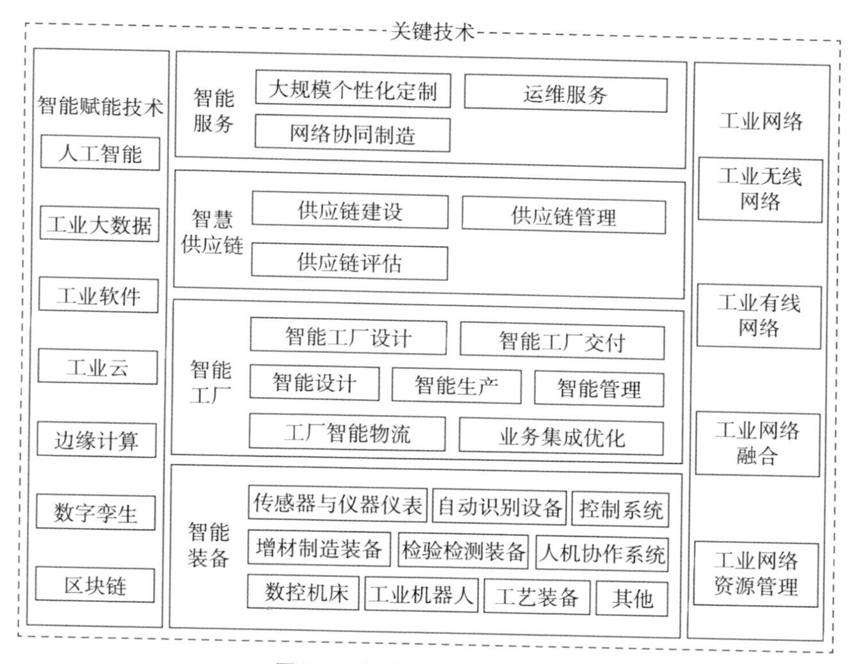

图 9-1 智能制造共性关键技术

通过数字化转型，企业能够实现设备的互联互通，实时监控生产数据，并根据数据进行智能调度和优化。企业可以更高效地利用资源和人力，减少人为错误和物料浪费，从而提高生产率和降低成本。通过数字化技术的应用，企业能够更好地了解市场和客户需求，并基于这些需求进行产品的设计和生产。企业还可以利用数字化技术来改善售前和售后服务，提升客户满意度和忠诚度。数字化转型还能够促进企业内部的创新，例如通过数据分析来发现产品改进的机会，通过虚拟仿真技术来加速产品开发过程等。对于供应链的协同和智能化管理，通过建立数字化的供应链系统和客户关系管理系统，企业能够与供应商和客户实现信息的及时共享和交流。企业能够更好地掌握供应链的动态，及时调整生产计划和库存管理，减少库存和订单滞销的风险。数字化转型还能够帮助企业与消费者建立更紧密的联系和交互，提高产品的用户体验和满意度。下面是在机械加工、汽车制造、五金炊具行业中，数字化转型与智能化升级的成功案例。

（1）航天发动机智能制造工厂

航天发动机复杂结构件制造作为离散型制造的典型代表，具有多品种、小批量的生产特点，在传统的制造模式下，生产现场长期处于异常复杂的多型研制任务与批产任务混线生产状态；受到原材料供应不稳定、质量问题、任务重要等级变化、多任务进线冲突等影响，生产任务安排表现出极大的不确定性；技能人才的能力培养和引进无法匹配产能增速需求。以上问题导致航天发动机复杂结构件生产效率提升困难，制造成本居高不下，无法满足制造周期、产能、质量、成本等高要求。

针对上述背景及存在的问题，以数字化制造及智能制造的思想为指导，北京动力机械研究所规划建设了国内首个航天发动机复杂构件智能制造工厂，如图 9-2 所示。该智能制造工厂通过数字化工厂布局、自动化系统及信息化系统深度集成，打通了自上而下的数据集成应用链路，实现设计、工艺、制造、质量、物料等各环节全流程全要素的互联互通，建设了一个高度信息化、全流程自动化、生产过程高度可控、人工干预合理减少、生产计划排程智能化、生产执行智能调度的航天发动机复杂构件智能制造示范工厂，显著提升了航天发动机制造的智能化水平。

图9-2 航天发动机复杂构件智能制造工厂

1）总体架构

航天发动机智能制造工厂面向复杂构件制造全流程，梳理设计、工艺、制造、物流、质量等环节主要业务流程，构建企业层、业务层、执行层、设备层的航天发动机智能制造示范工厂的总体架构。其中，企业层包含产品全生命管理（PLM）系统和企业资源计划（ERP）系统，业务层主要包含制造执行系统（MES），执行层主要包含柔性制造系统（FMS）、数据采集与监视控制（SCADA）系统、分布式数控（DNC）等系统，设备层包含底层五轴数控加工设备及其他自动化装备。智能制造示范工厂涵盖产品研发、工艺设计、计划调度、生产作业、仓储配送、质量管控、设备管理等环节，组成了包含设计、工艺、生产、质量、物料、资源等各要素的智能制造平台总体架构。

2）智能装备与产线

智能制造工厂以一条数字化柔性生产线为主体，引入 14 台国产五轴联动加工中心；建设了一套 AGV 小车物流转运系统，实现工件、工装在生产线上自动流转；建设了一套桁架机械手系统，实现机床自动上下料；建设了立体库实现工件、工装自动出入库；建设了一套零点定位系统，实现工件快速换装；建设了生产线网络及一套柔性制造系统（FMS），实现 FMS 系统以 MES 工单驱动生产线上的资源进行自动生产。

3）系统集成

信息化与自动化系统集成。建设 PLM、ERP、WMS（仓储管理系统）等信息化系统，结合生产线网络与柔性制造系统功能需求，对现有 MES、DNC 系统进行改造，并实现配套的 ERP/PLM/MES/FMS 和工业控制设备之间的集成，实现信息流与物资流的互联互通及智能化、自动化，信息化与自动化集成交互。

系统数据集成。工厂业务应用以 BOM（物料清单）为数据主线，以 ERP、PLM、MES 为核心，并与执行层的 FMS、WMS、SCADA 等系统深度集成，构建了基于模型的设计制造一体化支撑环境，打通了基于同一数据源的设计、工艺、制造、物料、质量等业务全流程应用。

信息化网络拓扑。信息化管理系统通过工业网络交换机、路由器，将各生产设备和信息系统设备组成工控信息网络，并通过网络数据接口和 MES 集成，柔性调度生产设备高效自动运行，为企业领导和管理部门、技术部门提供准确的生产运行状态和统计报告。

4）建设成效

航天发动机复杂构件智能制造工厂彻底改变了传统的数控加工制造模式，引领了离散型智能制造技术发展。全新的生产制造模式有效降低了人员需求，由原模式配置 35～40 人减少至 10～15 人，人员配置减少 2/3，大幅减少生产过程中的人工参与，降低人为原因质量风险。生产线产能提升超过 30%，设备综合效率（OEE）提升到 70% 以上，零件的流转时间缩短 30% 以上，大幅减少非生产时间和准备时间，单件制造成本降低 10% 以上。通过生产流程监控、看板管理、工艺工装优化，结合自动化的防呆防出错措施，减少人工设置参数导致的输错、减少人工搬运产品造成的磕碰、减少不同人装夹引起的不一致，避免由于人员疏忽大意导致的产品超差报废 / 批次性报废，从多方面提高了产品合格率，有效提升了航天发动机复杂构件的研制生产配套能力。

（2）汽车行业智能制造工厂

全球市场对数字化设计、智能化生产、智慧化管理、协同化制造、绿色化制造、安全化管控等方面的要求随着经济的发展、制造业水平的提升而变得越来越高，这给国内汽车制造行业带来挑战的同时也带来了新的发展机遇。国内自主品牌在逐渐占据一定市场份额的同时，迫切需要通过降低制造链、产业链成本来提升竞争力。

吉利汽车集团于 2018 年组建专业的智能制造团队，逐渐开发了一整套涉及工艺智能设计与虚拟仿真验证、工厂智能运行与数字孪生、产品智能交付与产业链协同等全领域的智能化解决方案，并以极氪工厂为实施试点，逐步向集团二十多个生产基地推广，着力打造以满足客户对汽车的极致体验为核心，以价值创造为导向，员工满意、环境友好的智慧工厂。

1）总体架构

吉利极氪智能制造总体架构分为底层设备、业务执行、业务分析与管理决策四个层次，如图 9-3 所示。

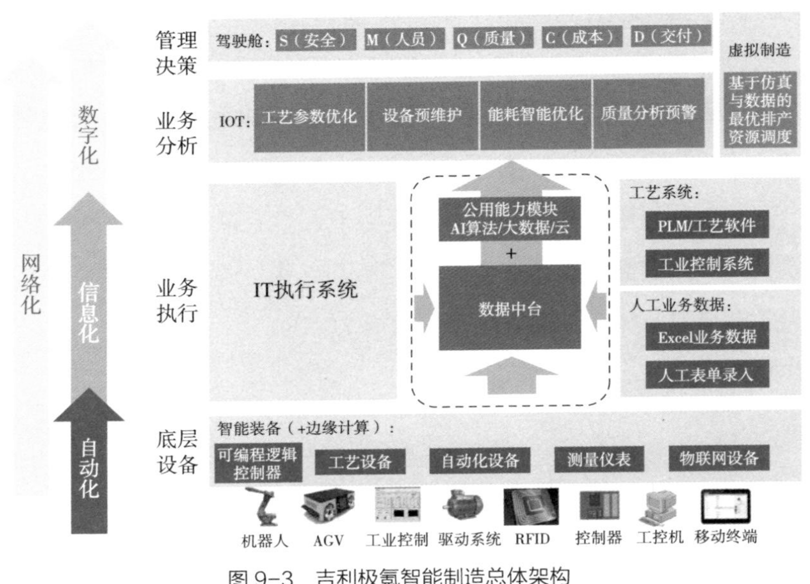

图 9-3　吉利极氪智能制造总体架构

在底层设备层，极氪主要引入各类智能设备并形成了针对工厂内部一百多种不同品牌设备类型的接口标准。同时在边缘端部署边缘计算设备，承担数据缓存处理、模型计算的功能，应对需要实时计算的场景，让执行指令直接下发到设备执行，实现智能制造的自动化能力。在云端（私有云）部署吉利工业互联网平台，平台具有将数据中台中多元异构数据接入、大数据管理与运维、模块化智能算法与支持应用开发等能力。平台具有生态友好、低代码开发、架构灵活的特点。

在业务执行层，构建如 ERP、MES 等信息执行系统，同时构建 PLM 及工业控制系统等工艺系统，并综合人工业务数据和从底层设备获取的数据形成数据中台，推动信息化转变。

在业务分析层，形成工艺参数优化、设备预维护、能耗智能优化以及质量分析预警等业务分析功能。面向业务应用的数据中台，形成标准化的数据采集方案，对数据进行专业的数据加工与数据建模，进而支持数据应用的构建与数据服务的满足，推动数字化的实现。

在管理决策层，构建数字化驾驶舱，对智能制造过程中的相关指标进行可视化展示、风险预警及异常报警，实现数字化管理。此外，实施一整套网络架构方案，整合跨领域资源和规范，共同推动一网到底的架构变革，为智能制造的未来需求构建网络连接基础，从而打破原有生产现场与上层 IT 网络的隔离，实现从云端到设备端的互联互通，推动网络化的实现。

2）虚拟仿真系统

吉利针对虚拟仿真建立了完整的仿真体系，虚拟仿真主要包括结构仿真、产品可制造性仿真、工艺仿真等。其中，产品可制造性仿真包括冲压板件成形仿真、焊点分析、产品搭接分析等。

将虚拟仿真作为同步工程的重要组成部分，通过前期虚拟仿真，仅焊装工艺就识别出近500项问题，涉及布局、焊点信息及分配、焊钳的选型、节拍、夹具等方面，同时提出解决方案，提高输出工艺文件的准确度，指导厂家增强结构设计的可实施性，将问题在项目前期解决掉，直接节约近1 000万元。通过数字化仿真、虚拟制造、点云扫描等技术手段，在生产线设计阶段，对将要安装调试的生产线进行虚拟调试，过程中无须担心实际调试不合理导致的设备/产品件碰撞损坏和人员安全，由此降低在线调试风险；在优化工艺的同时，同步进行生产线集成程序和安全互锁功能验证、优化，提高产品试生产通过率，降低问题整改费用，缩短产品试生产时间，降低调试能耗。采用虚拟调试后，使车型标准操作流程（SOP）时间缩短了27天，提高了产品的竞争力。

3）建设成效

通过以上项目的落地实施，工厂投产后，现场生产率提高了23.5%，能源利用率提高了15.4%，运营成本降低了25%，产品研制周期缩短了31%，产品不良品率降低了30%。

（3）五金行业智能制造工厂

炊具制造是我国轻工制造业的重要组成部分，是典型的劳动密集型、生产过程离散型的轻工门类。随着人工成本的快速上升，传统落后的生产模式给企业带来了巨大的生存压力，根据生产需求进行智能制造升级是必然的选择。爱仕达运用新一代信息技术、先进制造技术，构建具有柔性化、集成化、智能化特征的金属炊具智能制造工厂，形成年产 4 000 万只金属炊具的生产能力。

1）五层架构体系

爱仕达智能制造工厂具有五层架构：底层为智能设备层，主要包括智能喷涂生产线、机器人、智能检测装备、自动化立体仓库、有轨穿梭小车（RGV）、自动导引小车等；第二层为智能传感层，主要包括机器人传感器、智能质量仪表、射频识别等采集系统装备、可编程控制器等；第三层为智能执行层，由 MES、WMS、APS（高级计划与排程）和相关人工智能软件组成；第四层为智能运营层，由计算机辅助设计（CAD）等三维建模仿真软件与 ERP、PLM 等管理软件组成；顶层为智能决策层，由云数据中心、智能决策分析平台等组成。

2）产品生命周期管理系统

产品生命周期管理（PLM）是一种全局性的管理思想，它以产品为中心，涵盖了从产品设计、生产、销售到产品淘汰报废的整个生命历程，旨在以最有效的方式和手段来为企业增加收入和降低成本。

爱仕达自 2006 年开始实施 PLM 系统，在整合现有产品的基础上，对技术图档、工艺文件、BOM 数据进行统一管理，形成产品设计数据中心和集团级的物料库、工艺库，实现了技术图纸无纸化。PLM 系统主要涵盖基础图文档管理、项目管理、变更管理以及与三维设计软件 Creo 的集成，同时与 ERP、APS、MES、WMS 系统集成。

3）APS 系统

APS 是高级计划与排程，主要用来解决生产排程和生产调度问题。APS 可对所有的资源进行同步及实时监控，无论是在物料上，还是在机器设备上，以及人员管理、客户需求供应上，都会实现一个有效精准的生产计划，是智能制造的核心系统。

爱仕达通过 APS 系统（见图 9-4），实现了生产计划协同化、生产过程实时化、物流配送准时化、质量管理追溯化、资源管理全面化。

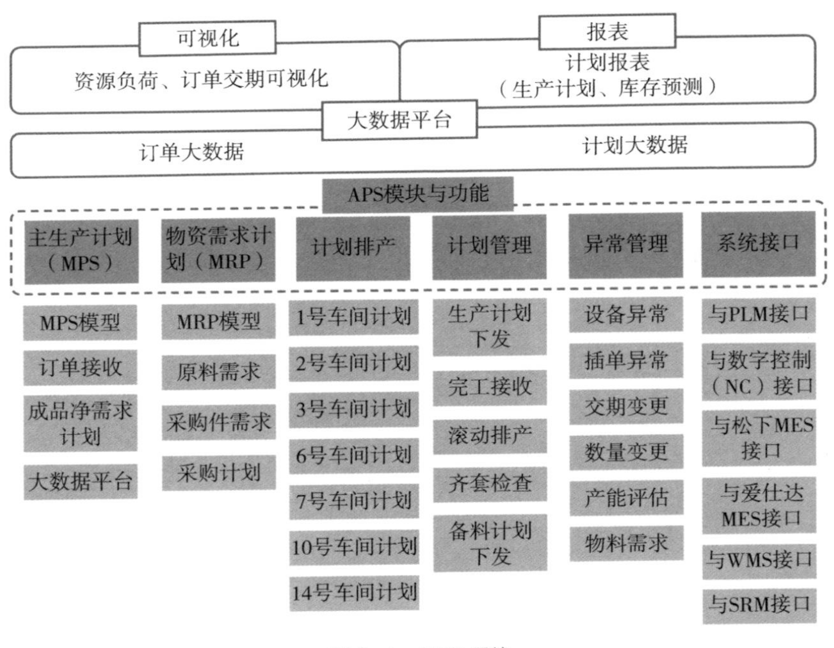

图 9-4　APS 系统

4）数据采集与监视控制系统

SCADA 系统数据采集与监视控制系统，是以计算机技术为基础的生产过程控制与调度自动化系统，它可以对现场的运行设备进行监视和控制，以实现数据采集、设备控制、参数测量与调节，以及各类信号的报警等功能。

爱仕达通过 SCADA 系统的建设与实施，实时采集和监控生产过程中的设备数据、物料追踪数据。同时通过与 MES 等上游系统的集成，将采集的生产过程和物料数据进行分析，反馈给技术、调度、质量和生产等业务人员，保证生产任务的高效完成。

通过 SCADA 系统采集监控模块，实时采集冲压、压铸、表面处理过程中的设备数据。远程监控设备状态（运行、空闲、故障、关机、维修等），实时获知每台设备的当前生产产品和生产数量，为上游车间执行和管理系统提供数据支撑和分析依据。

5）建设成效

智能工厂的建设，大幅提升了企业的全员劳动生产率，金属炊具产品生产率平均提高 22.46%，运行成本平均降低 23.16%，产品不良率平均降低 30.5%，单位产值能耗平均降低 21.1%，产品升级周期缩短 34.8%。通过对生产设备的过程监测和远程运维，降低设备运行维护成本 30% 以上。每年带动产品销售额新增 3 亿元、税收增长 1 000 万元。预计在五年内，平台可推广到国内一百多家炊具及厨房小家电生产企业，行业每年可增加经济效益 50 亿元。

2. 实施绿色低碳节能发展

2020 年 9 月 22 日，国家主席习近平在第 75 届联合国大会上宣布中国二氧化碳排放力争于 2030 年前达到峰值，努力争取

2060 年前实现碳中和。“双碳”是中国提出的两个阶段碳减排奋斗目标（简称“双碳”战略目标）。

碳达峰、碳中和（见图 9-5）对我国经济最大的影响，就是重新激活了我国的 ESG（environmental，social and governance）发展。ESG 是环境、社会和公司治理三个英文单词的缩写，这个理念所强调的是发展要注重生态环境保护、履行社会责任、提高治理水平。

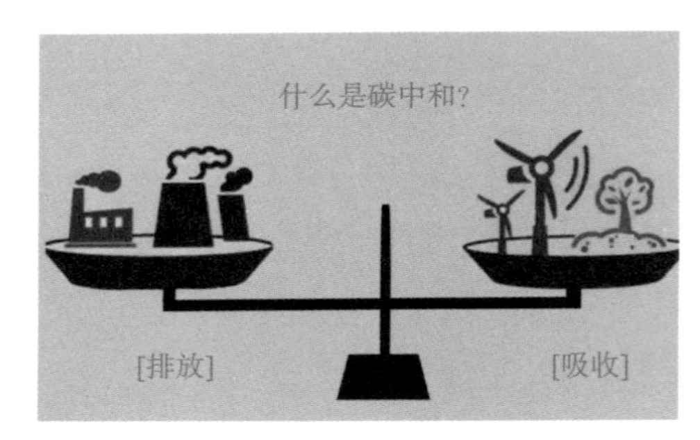

图 9-5　碳中和目标

在“双碳”目标的推动下，绿色发展、绿色制造理念牢牢深入工业领域，越来越多的企业将绿色发展理念融入企业生产全链路，并取得了显著的成效。为贯彻落实《“十四五”工业绿色发展规划》《工业领域碳达峰实施方案》，持续完善绿色制造和服务体系，推进工业绿色发展，助力工业领域碳达峰、碳中和，工业和信息化部组织遴选各行业绿色高质量发展的典型企业，让头部企业发挥以点带面的示范作用，进一步推动以绿色工厂、绿色工业园区、绿色供应链等为主体的绿色制造体系建设。而国家表彰及政策利好也在促进构建绿色发展的正循环。

以金塔集团、海尔智家为代表的中国企业通过科技创新积极应对绿色转型中的机遇和挑战，在实现自身高质量发展的同时，也将助力全球绿色低碳发展加速推进。

金塔集团以“绿”为伴推进高质量发展

2023年2月9日，工业和信息化部对入选2022年度绿色制造名单进行公示。山东金塔机械集团有限公司（以下简称“金塔集团”）入选绿色工厂榜单。

金塔集团是国家高新技术企业。近年来，金塔集团积极践行新发展理念，围绕打造绿色制造体系，强化绿色供应链、绿色工厂建设，纵深推进绿色设计研发及绿色工艺技术推广。

金塔集团从20世纪90年代初承担国家重大专利项目，酒精装备持续更新，蒸馏、溶剂回收技术不断创新，从单塔、双塔、三塔到现在的七塔及双粗双精、八塔，从节能5%、10%、15%、20%到现在节能35%～40%，获得国家工业节能技术推荐目录4项。在内部管理上，对照能源体系及绿色企业评价标准，制定了一系列的规章制度及检测标准。金塔集团已经成为规模化、成套化、技术化及节能化的酒精生产及废液处理装备专业制造商，是《酒精蒸馏塔》《糠醛水解锅》《糠醛蒸馏塔》等国家行业标准的制定者。其中，以“金”字为商标的酒精生产及其节能环保设备更是国内客户尤其是知名大型酒业公司信赖的品牌，推动了燃料乙醇技术装备的进步。

金塔集团坚持科技强企、人才兴企战略，注重提升创新核心竞争力，加快低碳节能技术创新研发，设立了山东省乙醇多塔节能蒸馏工程技术研究中心，与天津大学、山东大学、浙江工业大学等国内知名院校建立了长期战略合作关系。技术创新在酒精生产、溶酶回收、生物工程等领域处于优势地位，以“金”字为商标的酒精生产及其节能环保设备为国内28个省级行政区近2 000家客户提供了产品和技术服务。2023年1月，总投资1 000多万元的大型容器智能化制造项目建成投产，年可生产各类高端成套装备140台（套），又为金塔集团绿色低碳高质量发展注入强劲绿色动能。

典型案例 9-2

海尔智家，追“智”逐“绿”，迈向高端

报废是家电的终点。冰箱、空调、洗衣机等家用电器到达一定使用年限后，都将面临报废。但是，在海尔智家再循环互联工厂，报废是资源循环利用的起点。窗明几净的车间中，一台500升容量的大冰箱被缓缓推到上料口，经过预拆解、冷媒回收、自动打孔沥油、多重破碎、三级分选等，最终变成了一堆堆拆解金属、再生塑料、循环部件，并以这种全新的形态重新进入产业链……在海尔智家再循环互联工厂，这样的场景每天都在重复上演。

海尔智家在过去30年间有针对性地推动家电全产业链绿色转型，再循环互联工厂便是其践行绿色发展理念的实践之一。通过科学拆解废旧家电、产出高品质循环新材料并推动其

高值化应用，海尔智家使有限的资源得以无限循环。家电回收再利用只是海尔智家绿色低碳发展的一个缩影，海尔智家还围绕研发、生产、使用等多个方面，将低碳节能融入产品全生命周期，通过工厂整体全链路数字化、智能化高效运营，大大降低了成本，为行业绿色低碳发展提供了新路径。

比如，在生产制造端，海尔天津洗衣机工厂（见图9–6）通过技术与工艺改进，实现能源消耗下降35%，温室气体排放量减少36%，成为我国本土首个“可持续灯塔工厂”。该工厂生产的直驱精华洗洗衣机更是绿色洗护的代表产品，具体表现为两个“减少”：第一，可以实现省时37%、省水38%、省电29%，提高洗涤效率，减少排放；第二，直驱核心部件为一体成型工艺，钢损耗减少10%。

图9–6　海尔天津洗衣机工厂

在国内，海尔智家获得工业和信息化部、中国质量认证中心等多个国家部门及机构的认可。海尔智家发布的2022年

ESG报告显示，已有43家工厂完成碳盘查，冰箱、洗衣机等6类产品获得碳足迹认证。截至2023年11月，海尔智家共有10个国家级绿色工厂，在绿色供应链管理方面，则拥有8家国家级绿色供应链管理企业，实现全品类绿色制造。

3. 全力建设两业融合发展“试验田”

近年来，我国探索先进制造业和现代服务业深度融合（简称“两业融合”）新模式，两业融合程度不断加深、趋势不断增强，许多地区、行业探索形成了各具特色的融合发展模式。辽宁沈阳铁西区、上海金山区、浙江嘉兴海宁市等区域，作为国家发展改革委确认的先进制造业和现代服务业深度融合试点区域，立足区域产业发展实际，瞄准重点领域和关键环节，不断探索两业融合发展新模式，打造智能制造的完整产业链、供应链和价值链，实现优势产业的智能化、高端化和服务化，凸显试点区域两业融合发展的成效。

典型案例 9-3

培育融合发展业态，推进产业高质量发展

走进由原沈阳铸造厂翻砂车间改造而成的中国工业博物馆，你会看到新中国第一台普通车床、10吨冲天炉……一股厚重的工业气息扑面而来。这是铁西区的地标之一，诠释着铁西的今天和过往，也浓缩了辽宁乃至整个东北地区的鲜明特点——老工业基地。

2022年，铁西区获批国家先进制造业和现代服务业融合发展试点区域。发挥重矿、输变电和能源等成套装备领域优势，支持装备制造龙头企业服务化转型。目前全区已经培育近20户系统解决方案供应商，沈阳铸造研究所等8家企业获批国家级服务型制造示范平台、示范企业。

铁西区的更多企业正在围绕工业企业的上下游产业需求打造生产性服务业。

1. 改造升级“老字号”，推动制造业企业向服务环节延伸

沈阳市铁西区大力调整“一业独大”的现状，积极探索发展工业、旅游、生产性服务业，利用原有的工业优势向服务业发力。华晨宝马铁西工厂对外开放旅游，游客花50元钱就可以转遍整个工厂，领略到来自德国先进的造车工艺，工业旅游成为铁西区的一张新名片。

从远程运维服务、集成总承包服务、智能化改造、数字化转型、企业各级研发机构建设五个方面入手，推动区域制造业企业延伸拓展服务环节。围绕制造业共性需求，加快培育一批集战略咨询、管理优化、解决方案创新、数字能力建设于一体的综合性服务平台，鼓励“老字号”企业建设远程运维平台及专家系统，实现装备企业由主要提供产品向提供“产品＋服务”转变；支持企业由装备制造商向系统解决方案供应商转变，支持整机企业联合产业链上下游企业，为用户提供总集成和全生命周期总承包服务，承接“制造＋服务”的交钥匙总

承包工程。

2. 融合发展服务四要素，推动服务业企业向制造领域拓展

位于铁西金谷生产性服务业集聚区的物流公司开设了门到门物流网络服务平台，发货企业通过这个平台可以像网上购物一样直接与物流企业洽谈合作。这个平台解决了物流公司对一手货源的需求，对发货企业来说，选择几种运输方式的结合，就可以使其降低物流成本。2020 年以来，铁西区已经分离的 60 户生产性服务业企业实现收入 58 亿元，铁西金谷服务业大厦等生产性服务业聚集区入驻企业 105 家。

铁西区正在依托沈阳生产服务型国家物流枢纽建设，搭建区域物流信息平台，将物流企业融入制造业采购、生产、仓储、分销、配送等环节，提供采购执行、销售执行、供应商库存管理等供应链服务；全力推进沈阳中关村创新大厦、工业互联网大厦等一批科创平台建设；加快中国人力资源产业园人才基地建设，建立灵活用工平台、人才市场运作平台、人才测评服务平台、数字化综合人才培养服务平台四个平台，打造制造业人才储备库；完善和加强辽宁股权交易中心铁西运营中心的服务能力，大力引进产业基金和优质股权投资机构入驻，推动现有基金实质化运营。

推进先进制造业和现代服务业耦合共生

近年来，苏州牢牢把握高质量发展这个首要任务，以数字经济时代产业创新、集群融合发展为主抓手，坚持先进制造业和现代服务业深度融合、双向赋能，不断推动苏州制造转型升级。

苏州探索两业融合成果卓著，入选首批国家级服务型制造示范城市。苏州奋力推进先进制造业和现代服务业耦合共生，探索形成延伸式、集群式等四种融合形态，实现了制造业为服务业提供场景、服务业为制造业赋能增效的互动发展态势。2022年1月，苏州推出20条重点举措，在20多个重点细分领域全面推进城市产业创新集群建设，这也是制造业与服务业融合发展的过程。2022年，苏州规模以上工业实现产值达4.36万亿元，同比增长4%，服务业增加值达1.23万亿元，同比增长2.1%，总量继续保持全省第一，规模以上新兴服务业营收突破6 623亿元，实现了两业融合和产业附加值的同步跃升。聚焦电子信息、装备制造、生物医药、先进材料四大主导产业，以及数字赋能型、知识驱动型、消费导向型三大新兴服务业，推动制造业与服务业进一步融合发展。

典型案例 9-5

“数字 + 创新”推动两业深度融合发展

1. 数字引领推动工业互联网平台打造

海宁市积极推进行业龙头企业建立企业级平台，推动制造业与互联网的深度融合。推进以“四朵云”（云设计、云制造、云管理、云运维）为基础的海宁“时尚大脑”建设，深度参与以“产业大脑 + 未来工厂”为核心的数字经济系统建设，构建多场景应用体系。

通过“本地培育 + 优质引进”，海宁市为中小型企业提供点对点的设计服务，加强设计版权保护，增强企业核心竞争力。2020 年皮革设计基地实现服务收入 2.42 亿元，成果转化值 28.14 亿元，被工业和信息化部评为“纺织服装创意设计试点园区”。销售端强化与阿里巴巴、抖音、快手等电商平台合作，培育摄影、直播等专业化电商人才，2020 年直播商品网络零售总额超过 35 亿元，零售量突破 2 000 万件。

2. 因产制宜推进智能工厂建设

以智能化改造为突破口，海宁市打造强劲“智造”引擎，分行业、分区域、分重点精准推进智能化改造。成立海宁市智造企业服务中心，组织行业、区域和特定环节智能化改造沙龙。围绕特色产业领域，瞄准重点产业关键工艺环节，着力打造一批智能化改造典型样板。

2020 年以来，海宁市累计启动实施智能化改造项目

149个，完成投资额24.43亿元，新增工业机器人388台。

3. 创新思维搭建“技改产品技术超市”

针对各企业面临的个性问题，海宁市深化智能化技术改造咨询诊断服务，联合第三方专业机构，探索成立“技改产品技术超市”，向企业免费提供智能化改造咨询诊断服务和精细型改造指导。建立分行业智能制造诊断服务技术支撑体系，聘请第三方专业机构和权威专家学者，深入剖析行业现状、改造难点、改造目标和改造路径。

海宁市集聚世界一流大学（学科）创新资源，形成“政府引导＋龙头企业＋大院名校”的政产学研协同创新机制。积极提升产教融合联盟内涵，扩大联盟影响力，促进产业链与教育链有机结合，助力产业转型升级和经济社会高质量发展。海宁市已成立集成电路、时尚产业、新材料等7个产教融合联盟；已有浙江大学等40余所院校、浙江省旅游协会等13个协会、300余家企业加入各产教融合联盟；已培育产教融合型企业8家，建成产教融合实践基地11个。

数字未来篇

本篇深入剖析了未来数字技术的内涵，探讨了其在未来社会中的重要地位。未来数字技术不仅仅是一种技术革新，更是一种全新的生产方式和思维方式。通过对未来数字技术的定义、技术应用及未来发展趋势的全面阐述，读者能够更加清晰地理解智能制造对制造业发展的重要意义。第 10 课“未来网络技术”以简明扼要的问答形式，从基础知识出发，全面介绍了未来网络技术的特点、与传统网络技术的区别及发展历程，使我们对未来网络技术有了更深入的理解。第 11 课“数字安全技术”则聚焦于数字安全的基本概念，生动阐述了数字安全技术的应用场景及其重要性，为我们揭示了数字安全的重要性与必要性。第 12 课“人工智能对智能制造的影响”则关注人工智能在智能制造中的作用，通过案例直观展示了人工智能如何改变着制造业的生产方式。通过本篇的学习，我们不仅对未来网络技术、数字安全技术和人工智能在智能制造中的应用有了全面的认识，而且能深刻认识到它们对未来制造业发展的重要影响。

未来网络技术

1. 什么是未来网络技术?

近年来,随着计算机技术和互联网的迅猛发展,网络已经成为我们生活中不可或缺的一部分,而未来网络技术发展也正越来越引人关注。

网络的发展历程可以追溯到20世纪60年代,创建之初旨在实现军队的信息共享。之后,互联网逐渐发展起来并开始民用,人们可以通过互联网来实现信息获取、社交等目的。

2009年,中国工程院与国家自然科学基金委员会联合启动了"面向2030年中国工程科技中长期发展战略研究"项目,设立了有关未来网络的研究咨询课题。

目前来说,业内对于未来网络的定义还未形成共识。有专家指出,未来网络就是更快捷、更简单、更便宜、更安全的新一代互联网,以用户为中心,让上网的人感觉更好。

但是,未来网络技术的发展趋势还是可以从下述具有代表性的技术中看到一些端倪。

● 5G 技术。5G 技术意味着超高速的网络连接，能够为人们提供更快的网速和更好的网络体验。在未来网络中，5G 技术将会成为主流的网络连接方式，它不仅拥有更快的网速，而且能够提供更加流畅的视频播放和支持多人实时在线等体验。

● 人工智能技术。随着人工智能技术的不断发展，未来网络也会借助人工智能技术来实现更加智能化的网络服务。例如，无人驾驶技术将会在未来得到普及，这使得人们可以更加放心安全地上路。

● 区块链技术。区块链技术已经得到了广泛关注，它具有去中心化、信息安全等优势。未来网络在应用区块链技术方面也会越来越广泛，例如，可以利用区块链技术保障网络交易安全，实现在线支付的可靠性和安全性。

● 科技融合。未来网络的趋势也是科技融合，例如，物联网技术、智能家居技术、可穿戴技术等的融合，将会使得未来的网络更加智能化，实现人机互动、智能交互等功能。

综上所述，大致可以总结出未来网络技术的发展趋势为更快速、更可靠、更智能、更安全、去中心化及更好的交互性等。

2. 未来网络的应用场景

在未来网络的应用场景方面，主要有智能家居、无人驾驶和远程医疗等。

● 智能家居。未来网络将会通过智能家居技术，使得家庭中的智能设备之间可以相互联通，实现智能控制。如图 10-1 所示，智能锁、智能电视、智能音响等设备，都可以通过互联网实现远程控制和数据监测。

图 10-1　智能家居

● 无人驾驶。未来网络还将应用在无人驾驶领域，实现智能交通管理系统。无人驾驶车辆可以通过互联网和传感器来获取并实时分析路况，并根据实际情况作出最优决策。

● 远程医疗。未来网络将会为医疗行业带来更多的革命性变化，如远程诊断、远程监护等。这样不仅可以使医生和患者之间的沟通更加便捷，同时还可以大大降低患者的医疗成本。

但是随着技术的不断发展，未来网络还面临着很多挑战，如网络安全、网络犯罪、网络数据泄露等问题。另外，未来网络也会面临网络带宽和网络扩容等问题，这些问题需要通过更加创新的技术方案来解决。

在工业领域中，安全是十分重要的，思科公司为保护工业运营免受网络威胁提出了思科工业威胁防御解决方案。首先，通过建立OT（运营技术）系统的可视化来评估 OT 系统安全状况，清点工业资产，发现漏洞，并检测异常情况。其次，思科通过工业网络区域分段来缩小受攻击范围并防止威胁蔓延，同时检测恶意软件入侵并利用工业防火墙拦截网络威胁。最后，思科提出了将发现网络威胁与补救措施相融合，能够在发现威胁后及时制定合宜策略，在不影响 OT 系统流程的情况下协调补救活动。

总体来说，未来网络的技术和发展将会在技术、应用和安全等方面带来很多挑战，同时也将会带来更多的机遇和变革。我们期待未来网络的发展，同时也应该关注网络的安全问题和用户的需求。

3. 未来网络的商业应用

当前，商业领域的未来网络技术应用中具有代表性的是华为的5.5G 及美国太空探索技术公司的星链。

（1）华为的 5.5G

5G-Advanced（5G-A），也被人们称为 5.5G，是从 5G 向 6G 过渡的重要阶段。2023 年 10 月 21 日，华为宣布了 5G-A 的重大进展：9 月 11 日首次完成了所有 5G-A 功能的测试，并且最近全面完成了 5G-A 技术性能的测试。测试结果显示，华为在多个

5G-A 上下行超宽带技术方面取得了重大的性能突破，并且首次在 5G-A 宽带实时交互中应用了端到端跨层协同技术，实现了在容量和时延方面的关键进展。

5.5G 是在 5G 业务规模不断增长，数字化、智能化不断提速的趋势下，面向 2025—2030 年规划的通信技术，是对 5G 应用场景的增强和扩展。具体来说，5.5G 在下行和上行传输速率上对比 5G 有望提升 10 倍，网络接入速率达到 10 Gbit/s，同时保障毫秒级时延。

华为称，5G-A 作为 5G 的演进和增强，除了连接速率和时延等传统网络能力实现了 10 倍提升，还同时引入了通感一体、无源物联、内生智能等全新的革命性技术。

（2）星链

星链计划是由美国太空探索技术公司（SpaceX 公司）于 2014 年提出的低轨互联网星座计划，目标是建设一个全球覆盖、大容量、低时延的天基通信系统，在全球范围内提供高速互联网服务。该计划拟用 4.2 万颗卫星来取代地面上的传统通信设施，像一条条由卫星组成的链条一样覆盖全球，从而在全球范围内提供价格低廉、高速且稳定的卫星宽带服务。

星链在用户数量增长方面表现亮眼。截至 2022 年 3 月，SpaceX 公司已累计发射 2 000 多颗星链卫星，为美国、英国、加拿大、澳大利亚、新西兰和墨西哥等国的 25 万名用户提供互联网接入服务。而过了仅仅不到两年时间，2023 年 12 月，SpaceX 公司的星链部门表示，其全球用户数量突破了 230 万人。

除了为用户提供互联网接入服务，星链还被应用于交通领域。2022 年 7 月，负责管理全美广播、电视、通信业的美国联邦通信委员会批准美国太空探索技术公司的星链卫星通信网络连接汽车、船舶、飞机等交通工具。

尽管星链被定义为商业卫星网络，但其军事用途也不可忽视。星链卫星的应用范围包括通信传输、卫星成像、遥感探测等。这些应用同样适用于军事领域，并能进一步增强军队作战能力，包括通信水平，全地域、全天时侦察能力，空间态势感知能力和天基防御打击能力等。

4. 5G+ 智慧工厂

最能体现未来网络技术在工业应用方面优势的就是 5G 智慧工厂。361° 集团与中国联通就“5G+ 工业互联网”领域签订了战略合作协议，并在 361° 晋江五里服装基地完成首个“5G+ 智慧工厂”项目，在服装制衣制造业率先运用 5G 专网实现数字化生产。

361° 集团计划通过项目的建设将开发打样中心、工艺中心、仓储中心、裁剪中心、缝制中心、质量中心及后道中心整合到一个服装数字化生产管理平台，优化生产作业流程，有效监控整个车间的制造过程，实时掌握所有产品生产、加工的进度信息、设备信息、质量信息，实现向 5G 数字化智能智造的转型升级。

该项目采用联通 5G 虚拟专网技术，在 361° 五里服装基地通过基站 + 室分的方式构建 5G 网络覆盖。借助 5G 专网，实现移动终端与平台的有效协同。该项目引入了 MES（制造执行系统）、APS（计划与排程系统）、GST（一般车缝时间）、PLM（产品生命周期管理）、WMS（仓库管理系统）、SCM（供应链管理）等多个模块。这些模块与企业现有的 ERP（企业资源计划）、EHR（人力资源管理信息化）、OA（办公自动化）、IPOS（终端零售客户）等系统实现融通，构建了以 5G 虚拟专网为核心的 AI 视觉检测、工业数采、仓储管理、硬件和工序协同等多个应用场景，实现企业产供销一体化的有效协同。

在 5G 智慧工厂中，通过构建以 5G 虚拟专网为核心的应用场景，实现了多种功能。

● 智慧工厂。利用 5G、MEC（移动边缘运算）和云技术，整合了多种终端和多个生产系统。这些技术可以实现生产过程中物料的信息化和产线的信息化，为精益生产提供有效的数据和系统支持，帮助企业进行精准的决策管理。

● 可视化远程控制。通过改造企业的老旧产线，配合 5G 专网和软件平台实现智能化生产。一方面，通过联通的“雁飞格物平台”实现设备运行情况的实时展示，并解决设备的数据采集和远程运维需求。另一方面，通过 5G 手持设备、工业平板等设备实现拉布、裁床、吊挂、缝纫产线的投料、质检的无纸化操作，以及工序的指引和操作的登记，并与 MES 系统进行协同，实现可视化、可控制的远程服务方案。

● 信息系统的数字化融通。在企业现有的 ERP 系统的基础上，引入 MES、APS、GST、PLM、SCM、WMS 等系统，实现系统间的有效融通，提高效率，并解决由于大量人工记录而产生错误的问题。

● 衍生应用。利用 5G 的大带宽、低时延和移动性等特点，借助 5G 的网络能力，在 AI 视觉、仓储和标识方面进行演进。同时，引入国家标识解析体系，实现企业内部全链的标识体系贯穿，将实现产线的数字化、网络化和智能化的全面升级。

在创新方面，泉州联通利用 5G、边缘计算、AI 等新技术，助力 361° 集团打造一个易管理、易落地、流程清晰、操作简单的智能生产中心，实现向新智造的数字化转型升级。

● 基于 5G 实现数据互联互通、动态闭环。如图 10-2 所示的 5G 智慧工厂中的大屏幕所展示的那样，服装数字化生产管理平台

图 10-2　361° 集团的 5G 智慧工厂

可以实时获得每个被检测对象的结果、状态，纳入全工厂生产管理系统，并关联采购、销售、生产等多个模块，提高生产率并实现柔性生产。

- 基于 5G 提升设备标准化、智能化水平。设备智能管控，降低维护成本，提高维护效率并实现设备的云端统一维护和监控。

通过应用 5G 专网实现数字化生产，361° 集团取得了以下显著成效：

优化质检环节，降低产品不良率。5G+ 智慧工厂项目投用后，优化了质检环节，通过在平板上操作质检结果，解决了人工方式存在的统计难、错误率高等问题，产品不良率下降了 5%。

推动科学精准排程，提升订单交付及时率。以 ERP 订单为驱动，改变通过“人工经验”的排单模式，结合 APS、GST 推动科学精准排程，订单交付及时率提升了 5%。

优化仓储管理流程，提高效率。优化仓储管理流程，通过二维码扫码领用，提高了仓储管理效率。

降低了人工运营成本。产线科学派单，有效实现人员任务合理分配，人工运营成本降低了 8%。

实现无纸化办公。通过信息化的手段，将原有拉布、裁床、质检等人工填单和录入的工序转化为 5G 终端点选操作，纸质文档节约了 35%。

在 361° 集团的 5G 智慧工厂案例中，其 5G 专网建设方案属于以 5G 专网为切入点、较为典型的组网方案，同时，涉及的功能模块，如 MES 管理软件、高级排产软件、WMS、SCM 系统等都能适配大部分制造场景，可以在工业应用场景中提供参考和进行复制推广。

综上所述，361°集团以两化融合要素为起点，结合企业痛点情况定制化实施5G智慧工厂建设，取得了优异的成果，其模式可以在绝大部分制造场景中的工业企业复制推广，以加快行业建设发展，赋能全行业的智能制造转型，推动数字化时代的到来。

数字安全技术

1. 数字安全的含义和发展

（1）何谓“数字安全”?

数字时代的主要特征之一是数字化，而数字的本质主要体现在数据上。数据已经成为现代社会最为宝贵的资源之一，它不仅是信息的载体，更是推动科技、经济和社会发展的引擎。

在这个信息爆炸的时代，数据不再只是简单的数字和文字的堆砌，而是具有深层次、多维度的信息。数字化使得我们能够捕捉、存储、处理和分享大量的数据，这为人类带来了前所未有的机遇和挑战。从个人层面到组织层面，从产业层面到国家层面，数字化对整个社会产生了深刻的影响。

在个人生活层面，数字化让人们的日常活动变得更加便捷、智能。通过智能手机、智能家居等设备，人们能够随时随地获取所需的信息，实现在线购物、在线学习、远程办公等功能。数字化使得人们的生活更加便利和高效。

在组织和产业层面，数字化为企业提供了更多的商机和竞争优势。通过大数据分析，企业能够更好地了解市场需求、优化运营流程、提高产品质量。数字技术的广泛应用也催生了新的商业模式，推动了创新和发展。

在国家层面，数字化已成为实现国家现代化的重要手段。数字经济、数字政府、数字社会等概念逐渐成为国家发展战略的核心要素。通过数字化，国家能够提升治理效能、推动科技创新、促进社会进步。

然而，数字化也带来了一系列的挑战。随着科技的飞速发展，大数据、人工智能、区块链和云计算等新兴技术正在成为推动社会数字化进程的重要引擎。这些技术的广泛应用使得数字化数据呈指数级增长，带来了前所未有的数据价值释放机遇。然而，随之而来的是对数据安全的巨大挑战。由于数字化数据具有易于复制、确权困难的特点，其在快速释放价值的同时，也伴随着日益增长的安全风险。

数字时代的核心就是数字化，而数字的主要表现形式则在于数据。数据的重要性不仅体现在它所包含的信息价值，更在于它如何被有效地管理和利用，以推动社会的可持续发展。

（2）“数字安全”面临的挑战

随着数据要素化的迅猛发展，数据实时广泛流动，数据安全威胁也在不断加剧。除了传统的泄露、窃取、破坏等风险外，新的威胁态势也逐渐显现。

跨境数据流动带来的国家和公民安全隐患。随着经济的全球化，数据跨境传输导致潜在的系统性风险增加，可能影响个人隐私，甚至危及国家战略安全。

个人信息滥用与数据垄断。互联网平台以数据为驱动力，滥用个人信息成为商业盈利的核心资源，引发个人信息滥用和数据垄断的乱象。

大数据杀熟与价格歧视。平台企业通过大数据技术对用户行为进行刻画，实施不同的价格机制，可能导致价格歧视，以最大限度地谋取经济利益。

信息茧房与视野窄化。算法推送导致推荐内容单一，加剧不同群体之间的知识鸿沟，甚至导致群体极化。

人工智能技术面临的多重安全风险。模型算法攻击、新型攻击，以及生成式人工智能都会引起数据泄露与滥用风险。这包括对具体人、场景的有针对性攻击，以及生成式 AI 技术引发的数据泄露问题，如 ChatGPT 可能获取、分析敏感数据，对国家安全构成潜在威胁。

这些新兴的数字安全威胁使得保护个人隐私和确保数据安全变得更加迫切和重要。

（3）“数字安全”在中国的发展

2022 年以来，我国围绕数字经济发展，在政策方面陆续颁布了《中共中央　国务院关于构建数据基础制度更好发挥数据要素作用的意见》(以下简称“数据二十条”)、《数字中国建设整体布局规划》等纲领性文件。为持续推进数据要素化市场配置改革，2023年国务院专门设立了国家数据局，负责协调推进数据基础制度建设，统筹数据资源整合共享和开发利用，统筹推进数字中国、数字经济、数字社会规划和建设。

自2022年以来，为充分贯彻《中华人民共和国数据安全法》《中华人民共和国个人信息保护法》等上位法的总体要求，相关部门发布了多项数据安全规章、规范性文件、技术标准，以促进数据安全治理的落地实施，如《数据出境安全评估办法》《个人信息跨境处理活动安全认证规范》《个人信息出境标准合同办法》等系列出境规则体系，以及《数据安全管理认证实施规则》《个人信息保护认证实施规则》等工作文件。在技术标准方面，《信息安全技术　网络数据处理安全要求》《信息安全技术　移动互联网应用程序(App)收集个人信息基本要求》《信息安全技术　网络数据分类分级要求(征求意见稿)》等系列技术标准颁布。在促进产业发展方面，工业和信息化部与国家互联网信息办公室等十六部门联合印发《关于促进数据安全产业发展的指导意见》，明确了数据安全产业发展的必要性、指导思想、基本原则和发展目标等顶层设计。由国家数据安全工作协调机制统筹协调，行业主管部门各司其职，承担本行业、本领域的数据安全监管职责，网信部门、公安机关、国家安全机关依法依规承担各自职责范围内的数据安全监管职责的多方协同监管体系正在逐步形成并不断深入完善。

随着国内一系列政策的制定，数字安全技术在国内正逐渐迎来发展的春天。然而，我们需要认识到，数据安全治理并非仅仅为了解决眼前的数据安全困境，更是一个需要长期投入的工程。相应的数据安全治理理念也日渐成熟，如图 11-1 所示。

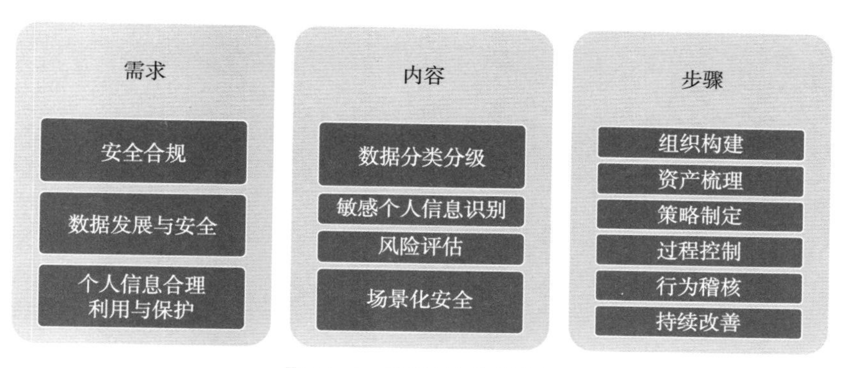

图 11-1　数据安全治理理念

在数据安全治理中，我们要同时满足三个关键的需求目标，即安全合规、数据发展与安全、个人信息合理利用与保护。

实现这一目标的核心内容包括四个关键方面：数据分类分级、敏感个人信息识别、风险评估、场景化安全。

为了有效推动数据安全治理，我们提出了一系列建设步骤，包括组织构建、资产梳理、策略制定、过程控制、行为稽核和持续改善。这些步骤的有序推进将有助于确保数据安全治理的全面性和长期性。

确定了核心的安全框架，其中包括三个关键要素：数据安全人员组织、数据安全使用的策略和流程、数据安全技术支撑。这三个方面的协同作用将构成完整而强大的安全框架，为数据安全治理提供全方位的支持和保障。

2. 企业与企业之间的信任来源——数据的可信交换

最能体现未来网络技术在工业应用方面优势的就是5G智慧工厂，其中5G带来的无线便利如图11-2所示。

图11-2 5G带来的无线便利

何谓数据交换呢？我们可以用一个生动形象的例子来做比喻。可以将数据、数据交换、工厂和产品比喻成一个制造业的生产过程。数据就好比是原材料，是生产过程所需的基础元素，可以包括设计图纸、规格说明等。数据交换类似于原材料在供应链中的流通过程。不同的环节，如供应商、制造商之间通过数据交换来传递所需信息，就像原材料从一个环节流向另一个环节一样。工厂则是整个生产过程的设施，类似于一个加工厂。在工厂中，通过数据的流动，生产过程能够顺利进行，就像在制造业中原材料在工厂中被加工和转化成最终产品。产品是最终的产出，就像在制造业中生产出的成品。这可以是一种物理产品，也可以是服务、报告等。

在这个过程中，数据和数据交换是支撑整个制造业生态系统的基础，而工厂和产品则是通过数据的流通和交换而实现高效生产和最终产出的。可见数据交换在现代社会和技术应用中具有重要的意义。

然而，传统的数据流通方式已经无法充分满足工业应用需求的复杂性。目前多采用集中式双边信息传输模式，如通过数据交易平台实现的共享流通，难以保护工业数据所有者的权益。这是因为工业数据通常涉及复杂的源头和多方参与，传统方式容易导致企业核心竞争力涉及的敏感信息暴露，甚至面临被二次利用或滥用的风险，使得这种方式的适用性受到限制。这种方式既难以保障数据安全，又限制了数据的综合应用。因此，我们需要寻找一种更适合工业环境、能够平衡数据价值释放和安全需求的新型数据共享流通解决方案。这种解决方案应该能够有效解决当前数据流通方式所存在的问题，推动工业数据的合理流通和协同利用。

相关研究人员提出了构建可信工业数据空间系统架构。该系统架构是指一个经过精心设计和构建，以确保数据的可信性和安全性为主要目标的体系结构。这个系统架构旨在满足工业领域对数据处理、存储和交换等方面的高度要求，并采取一系列的技术和措施，以确保数据在整个生命周期中始终是可靠和安全的。

具体而言，可信工业数据空间系统架构包括以下几个关键方面：在业务方面，对业务需求进行细致的分析，确保系统能够满足安全合规、数据发展与安全、个人信息合理利用与保护等方面的需求目标。在功能方面，设计和实现系统的各种功能，其中包括数据分类分级、敏感个人信息识别、风险评估、场景化安全等功能，以保证数据的处理和使用都符合相关的安全标准和政策。在技术方面，引入先进的技术手段，确保系统在技术上具备高度的安全性，这可能涉及加密算法、身份认证、访问控制、网络安全等多个技术层面。

3. 数据安全案例分析

图 11-3 所示为数据流通交易的三种模式，1.0、2.0 和 3.0 模式各有其特点和演变趋势。在 1.0 模式中，采用传统的集中式双边信息传输模式，数据交易相对简单，主要通过数据交易平台进行共享流通，适用于简单数据交易但难以满足复杂数据的需求。而在 2.0 模式中，引入了更多基于加密技术的安全保障措施，如数据 API 接口等，以提高数据的安全性和隐私保护程度。虽然相比 1.0 模式提高了安全性，但仍存在泄露和滥用风险。在 3.0 模式中，进一步引入了多方安全计算技术、区块链技术和智能合约技术，构建了更安全、透明和智能化的数据流通平台，通过保护数据隐私、确保数据不可篡改和实现自动化、去中心化的交易流程，实现了更高级别的安全、智能和高效的数据交易。随着技术的不断发展和完善，未来数据流通交易模式有望向更加安全、智能和高效的方向发展。数据 3.0 模式的特点包括去中心化、数据隐私保护、智能合约自动执行、可追溯性与透明性，以及高安全性。这种模式不仅降低了数据交易的单点故障风险，还增强了数据所有者的信任，提高了交易效率，确保了数据安全性和隐私保护性。通过集成这些技术特

点，新型数据交易能够更好地适应当今数据交易的要求，提升了整体的交易效率和安全性。

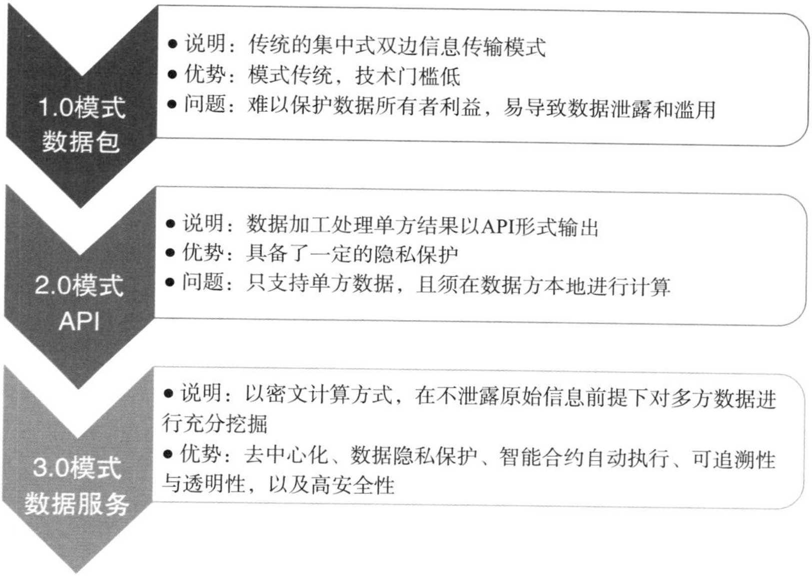

1.0模式 数据包

- 说明：传统的集中式双边信息传输模式
- 优势：模式传统，技术门槛低
- 问题：难以保护数据所有者利益，易导致数据泄露和滥用

2.0模式 API

- 说明：数据加工处理单方结果以API形式输出
- 优势：具备了一定的隐私保护
- 问题：只支持单方数据，且须在数据方本地进行计算

3.0模式 数据服务

- 说明：以密文计算方式，在不泄露原始信息前提下对多方数据进行充分挖掘
- 优势：去中心化、数据隐私保护、智能合约自动执行、可追溯性与透明性，以及高安全性

图 11-3　数据流通交易模式

典型案例 11-1

以华控清交信息科技有限公司（以下简称“华控清交”）为例。为了实现数据 3.0 模式，华控清交不仅运用了传统的大数据相关技术、数据安全与融合技术及传统系统安全技术，还融合了多方安全计算技术、区块链与智能合约技术等关键技术。多方安全计算技术在数据 3.0 模式中发挥着关键作用，实

现在不暴露私密输入的前提下进行跨多方协同计算，以保护数据隐私。区块链技术则构建了去中心化的数据交易平台，确保数据具有透明性、不可篡改性和高度的安全性。另外，智能合约技术被应用于自动化、去中心化的数据交易流程，使合同能够实现自动执行。这一系列技术的有机融合使得华控清交能够更好地迎合数据 3.0 模式，提高整体的交易效率和安全性。

同时，当前离散型工业制造供应链通常牵涉多个零件生产商为下游企业提供相同规格的零件。这些零件通常大批量生产，而质检却依赖人工抽样的方式，存在两个主要问题：一是随机抽样方式难以覆盖所有工件；二是检测效果受检验员经验和工作态度波动大，导致效率低下。

为解决这些问题，华控清交提出了智能制造综合服务平台，致力于帮助零件生产商建立跨企业数据共享的分析挖掘方式。该平台采用基于多方安全计算（MPC）的数据流通架构，通过服务平台功能，实现了质检员在流水线每个环节采集到的问题零件图片的安全共享。计算节点利用共享数据集进行机器学习联合训练，生成并使用问题零件预测模型，为企业提供全量自动化质检。

平台的关键功能包括多方安全计算区块链存证、数据传输以及供需对接。通过整合这些功能，平台实现了数据的可用性与隐私的双重保障，模块化设计使其易于开发与扩展。两个零件供应商 A 和 B 通过数据共享，联合训练模型并测试证明，平台显著提升了模型准确率。企业通过服务平台获取最终结果模型，实现了自动化工件质检，降低了成本，优化了检测效果，提高了检测效率。

人工智能对智能制造的影响

1. 人工智能对智能制造产生了什么影响?

人工智能是一种让计算机或机器具有“智能”的技术，它通过学习大量的数据，可以帮助我们解决各种复杂的问题，提高我们的工作和生活效率。这种“智能”并不是指机器有了人类的情感或意识，而是指机器能够模仿人类的某些智能行为，比如学习新的知识、理解和解释信息，甚至作出决策。

我们可以把人工智能想象成一个非常聪明的学生。这个学生可以通过阅读大量的书籍（数据）来学习新的知识（模型训练）。学习的过程就像是在解决一堆复杂的数学题，需要大量的计算（计算资源）。学习完之后，这个学生就可以用新学到的知识来回答问题（预测）或作出决策（推荐）。

人工智能的一些常见应用包括语音识别（如手机语音助手）、图像识别（如自动识别照片中的人脸）、自然语言处理（如自动翻译）等（见图 12-1）。典型的应用案例是我们在手机上使用的语音助手，就是通过语音识别技术将我们的语音转化为文字，然后通过自然语言处理技术理解我们的问题，最后通过语音合成技术将答案转化为语音回答我们；又比如自动驾驶汽车，就是通过图像识别技术识别路面上的行人、车辆和交通标志，然后通过决策算法决定如何驾驶汽车。

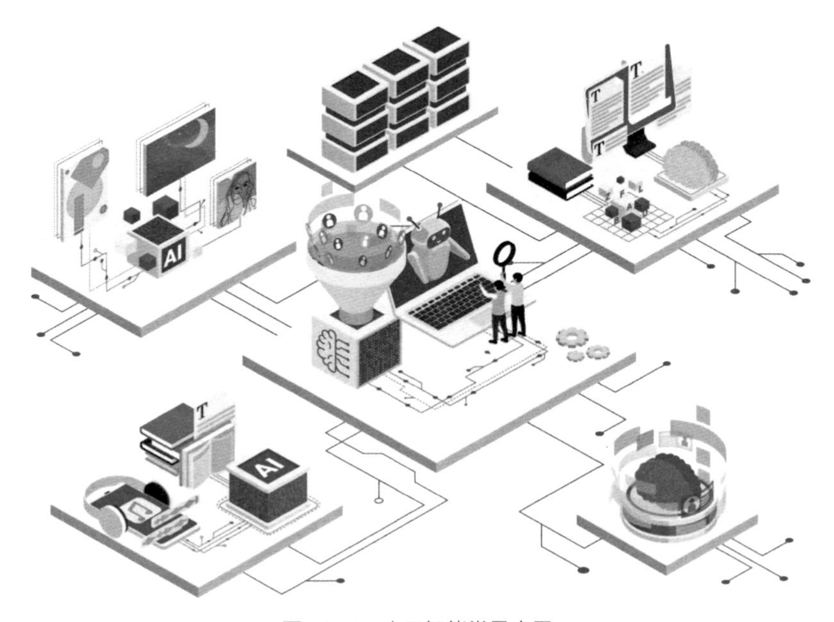

图 12-1　人工智能常见应用

人工智能的发展离不开大数据和计算资源。大数据提供了丰富的学习材料，计算资源提供了强大的学习能力。随着互联网的发展，人们可以获取到越来越多的数据，这为人工智能的发展提供了可能。同时，随着硬件技术的进步，人们现在可以使用 GPU（图形处理器）、TPU（张量处理单元）等高性能计算设备进行大规模的计算，这也为人工智能的发展提供了动力。人工智能的主要技术包括机器学习、深度学习、自然语言处理、计算机视觉等。

智能制造则是通过将先进的信息技术和制造技术相结合，实现制造过程的智能化。人工智能技术应用到制造业，对智能制造产生了深刻的影响，主要体现在以下几个方面：

提高生产率。人工智能可以帮助人们更好地预测和优化生产过程。例如，通过机器学习模型预测设备故障，提前进行维护，避免生产中断；或者通过优化算法优化生产线排程，从而提高生产率。

提高产品质量。人工智能可以帮助人们自动检测和控制产品质量。例如，使用图像识别技术自动检测产品的表面缺陷，提高质量控制的准确性。

智能设计。人工智能可以帮助人们自动生成设计方案，从而提高设计效率和质量。例如，使用深度学习模型自动生成新的产品设计方案，提供新的设计灵感。

智能供应链管理。人工智能可以帮助人们预测和优化供应链管理，从而提高供应链效率。例如，通过预测模型来预测市场需求，优化库存管理，降低库存成本。

提高服务质量。人工智能可以帮助人们自动回答客户问题，提供个性化的服务，提高服务质量。例如，使用聊天机器人自动回答客户问题，提高客户满意度。

总之，人工智能技术为智能制造及整个制造行业带来了巨大的变革和提升。

2. 大模型技术 + 智慧工厂

（1）大模型技术——人工智能的超级图书馆

想象一下，如果有一个超级图书馆，里面不仅收藏了全世界所有的书籍，而且能理解并运用这些书籍知识来回答你的任何问题。这个超级图书馆，就是大模型技术在人工智能领域的一个形象比喻。

大模型技术是指使用大量的数据和计算资源，训练出来的超大型人工智能模型。这些模型因为其庞大的规模，能够存储和处理海量的信息，从而在理解语言、识别图像、生成文本等方面展现出惊人的能力。

那么，大模型是如何工作的呢？

第一步，学习。就像人类通过阅读书籍来学习知识一样，大模型通过分析大量的文本、图片等数据来“学习”。这个过程需要强大的计算力，因为它需要处理和分析的数据量是非常庞大的。

第二步，理解。通过学习，大模型能够理解语言的含义、图像的内容等。这种理解能力超越了简单的关键词匹配，它能够把握语言的深层含义，识别图像中复杂的场景。

第三步，应用。有了这种理解能力后，大模型就可以应用在各种场景，如自动回答问题、写文章、翻译语言、识别图片中的物体等。

大模型技术之所以重要，是因为它极大地拓展了人工智能的能力。以前，人工智能在处理复杂的语言或图像任务时，往往受到限制。但大模型能够更好地理解人类的语言，更准确地识别图像中的内容，甚至能够创造出新的文本和图像。

大模型技术的应用非常广泛，比如聊天机器人（能够更自然地与人类进行对话）、自动翻译（能够更准确地翻译不同语言）、内容创作（能够创作文章、诗歌甚至音乐）、图像识别（能够识别和分析复杂的图像场景）。

大模型技术的发展就像是建造一座越来越高的摩天大楼。在人工智能的早期，我们只能建造几层楼高的小楼，因为我们的工具（计算能力）有限，而且我们只有少量的建材（数据）。但随着时间的推移，我们的工具变得更加强大，可以处理更多的数据，我们也收集了更多的建材。这让我们能够建造更高、更复杂的大楼（大模型）。

在过去的几年里，大模型技术的发展经历了几个重要的阶段。最初，我们有了能够处理文本的模型，比如 LSTM 和 GRU，它们具有一定的能力，就像是能够建造几十层楼高的小型塔楼。然后，Transformer 模型的出现，就像是发明了更高效的建筑技术，让我们能够建造上百层的高楼。这些模型，比如 BERT 和 GPT，不仅能处理文本，还能理解文本的深层含义。最近，随着计算能力的进一步提升和数据量的增加，我们开始建造更加庞大的大模型，比如 GPT-3，拥有 1 750 亿个参数，它就像是一座超高层的摩天大楼。这些超大模型能够完成更加复杂的任务，比如写作、翻译，甚至创作艺术作品。

（2）大模型技术的工业应用

想象一下，如果工厂里的机器和设备都像有超能力的超级英雄一样，不仅能够完成自己的任务，还能够理解周围环境，甚至预测未来可能发生的事情，并根据这些信息作出最优的决策。这样奇妙的情景，在大模型技术的帮助下，正在智能制造领域变为现实。

大模型技术在智能制造中的应用主要有：

- 质量控制。通过分析生产线上收集的图像和传感器数据，大模型可以识别出产品的微小缺陷，甚至在缺陷发生之前就预测出可能的问题，从而提前采取措施，保证产品质量。

- 预测维护。大模型能够分析机器设备的运行数据，预测设备可能出现的故障，从而在故障发生之前进行维护，减少生产中断的时间，提高生产率。

- 生产优化。通过分析生产数据，大模型可以优化生产流程，比如调整生产线的速度，优化原材料的使用，甚至自动调整生产计划，以适应市场需求的变化。

- 个性化生产。大模型可以分析消费者的需求，帮助制造商设计和生产更加个性化的产品，满足消费者的特定需求。

- 供应链管理。大模型能够分析和预测供应链中的各种风险，比如原材料供应的不稳定、运输延迟等，从而帮助企业优化供应链管理，减少风险。

大模型技术在智能制造领域的应用非常重要，因为它能够帮助企业提高生产率，降低成本，提升产品质量，更快速地响应市场变化。随着技术的不断进步，大模型技术在智能制造领域的应用将会越来越广泛，为制造业的发展带来新的机遇。

阿里巴巴开发的多模态大模型 M6 在服饰制造中的应用是一个很好的例子。M6 模型是一种深度学习模型，它可以处理多种类型的数据，包括文本、图像等。

在服饰制造中，M6 模型被用于自动设计服装。具体来说，设计师可以输入一些描述性的文本，如“设计一件纯色女性风衣，有经典西装领”，然后 M6 模型就可以根据这些描述生成相应的服装设计图。这大大提高了设计效率，同时也为设计师提供了新的设计灵感。

此外，M6 模型还可以用于自动生成产品描述。例如，给定一件风衣的图片，基础版的 M6 模型可以自动生成相应的产品描述，如“一件纯色女性风衣，有经典西装领”。这不仅可以提高产品上架的速度，也可以提高产品描述的质量。随着参数规模不断升级，M6 模型的认知和表达能力也会不断提升：它能够观察到图片中更丰富的细节，并使用更精准的语言进行表达。如图 12-2 所示，在对这件风衣图片的描述中，更大参数规模的 M6 模型相比基础版，注意到了“经典翻领设计”“腰间系带装饰”“两侧大口袋点缀”等细节，生成的文案信息量更大，措辞更精准。

这项技术将原本冗长的设计流程压缩了 90% 的时间，目前已经商业投产，并且与 30 多家服装商家成功地进行了合作。如图 12-3 所示为 M6 模型参与新款服装设计的流程，显示了大模型技术给智能制造带来的巨大发展潜力，可以大大提高制造业的效率和质量。

M6模型基础版：经典的西装领设计，修饰颈部线条，凸显女性的干练气质，宽松的版型，不挑身材，穿着舒适自在，优质的面料，亲肤透气，上身挺括有型。

M6模型升级版：纯色西装领外套，经典西装领，精致的走线工艺，腰间腰带内扣收腰，立体显瘦，袖口荷叶边拼接设计，抬手臂间，带出妩媚温柔的女性特质。衣身面料凹凸有致，丰富衣服层次感。

M6模型高级版：一款简约不失优雅气质的风衣，采用经典翻领设计，完美修饰脸型。腰间系带装饰，可根据自身需求调节松紧度，穿着舒适方便。两侧大口袋点缀，丰富层次感且实用。

图 12-2　M6 模型对风衣图片的描述

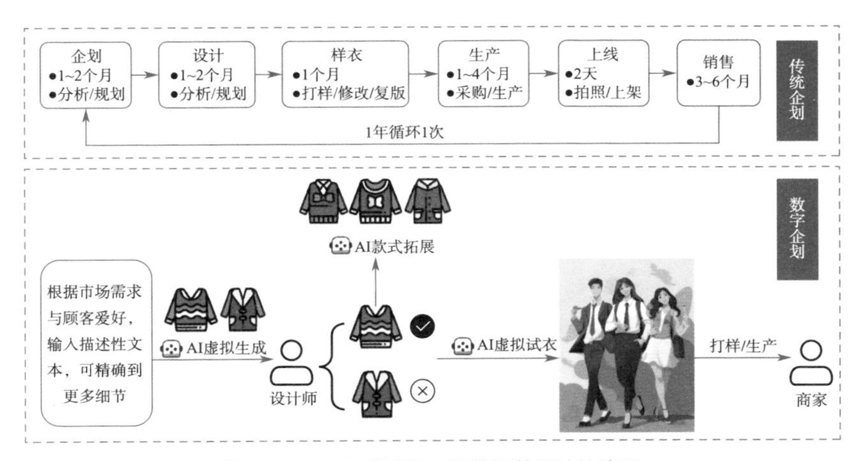

图 12-3　M6 模型参与新款服装设计的流程

3. 智能协同控制 + 智慧工厂

（1）智能协同控制技术——智能系统总指挥

智能协同控制脱胎于协同控制，是一种新型的控制策略，它通过将人工智能技术与传统的控制理论相结合，实现多个设备或系统的协同控制。智能协同控制技术就像是一个优秀的乐队指挥，他需要确保乐队中的每个成员（在我们的例子中，这些成员可能是机器人、设备或系统）都能按照既定的节奏和旋律进行演奏，从而创造出美妙的音乐（见图 12-4）。在这个过程中，乐队指挥需要考虑到每个乐队成员的特性和能力，以及他们之间的协作关系。

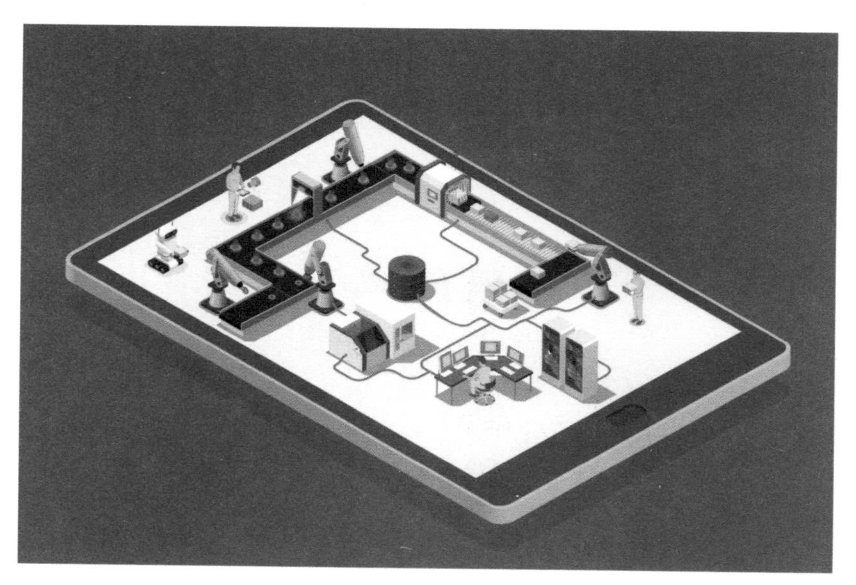

图 12-4　智能协同控制

在工业领域，智能协同控制技术主要用于协调和控制多个设备或系统的行为，以实现某个共同的目标。这个目标可能是提高生产率、优化资源使用、提高产品质量等。

智能协同控制技术的关键在于“协同”和“智能”。“协同”意味着多个设备或系统需要共同工作、互相配合，就像乐队中的每个成员一样。而“智能”则意味着这个过程需要通过学习和优化来实现，就像乐队指挥需要根据乐队成员的表现和音乐的效果来调整他们的演奏一样。

在实现智能协同控制的过程中，我们需要解决一些关键问题，例如，如何让多个设备或系统共享信息，如何根据共享的信息作出决策，如何根据决策调整设备或系统的行为等。这些问题的解决需要依赖于一些关键技术，如通信技术（用于信息共享）、人工智能技术（用于决策和学习）、控制理论（用于行为调整）等。

智能协同控制技术在很多领域都有广泛的应用，如自动驾驶、智能制造、智能电网等。在这些领域中，智能协同控制技术可以帮助我们实现更高效、更可靠、更灵活的系统，从而提高我们的工作和生活效率。

在这些应用领域中，智能制造受到的影响尤为突出。想象一下，一个现代化的工厂，里面有各种各样的机器人和设备，它们就像一个个勤劳的小蜜蜂，各司其职，却又需要协同工作，共同完成复杂的生产任务。这里面的秘密武器，就是智能协同控制技术。智能协同控制技术在智能制造领域的应用，就像是给这个工厂装上了一个超级大脑。这个大脑能够让所有的机器人和设备“沟通”起来，就像人类一样，通过交流信息、共同决策、协调动作，以最高效、最优化的方式完成生产任务。

智能协同控制技术对智能制造的影响体现在如下三个步骤：

①信息共享。首先，所有的机器人和设备都能够实时地收集和分享信息。比如，一个机器人发现自己手头的任务比较轻松，它就会通过这个“大脑”告诉其他机器人，我可以接受更多的任务。

②共同决策。接着，这个“大脑”会根据所有机器人和设备分享的信息，作出最优的决策。比如，它可能会决定让某个机器人去帮助另一个忙碌的机器人，或者调整生产线上的任务分配。

③协调动作。最后，根据这个决策，所有的机器人和设备会协调自己的动作，共同完成任务。比如，一个机器人可能需要暂时离开自己的工作岗位去另一个岗位提供帮助，而这一切都是自动进行的。

（2）智能协同控制技术的工业应用

工业互联网已成为全球制造业发展的新趋势，我国作为制造业大国，为了应对新一轮科技革命和产业变革，从战略规划与技术推动等多方面开展了相关行动。在新基建的推动下，5G、人工智能、云计算等技术与传统工业深度融合，为实现智能制造提供了技术支撑，将有力促进制造强国早日实现。国际上，德国提出“工业4.0”、美国提出“先进制造业国家战略计划”、日本提出“科技工业联盟”、英国提出“工业2050战略”，也都是为了实现信息技术与制造技术深度融合的数字化、网络化、智能化制造，实现智慧工厂。如图12-5所示，在智慧工厂的基础上利用工业互联网所开发的协同制造平台，以工业互联网赋能智能制造作为关键技术手段，通过对工业要素的互联互通、相关要素的深度协同，实现了设备管理精细化、生产过程一体化、企业管理标准化、分析应用数据化和决策支持科学化。

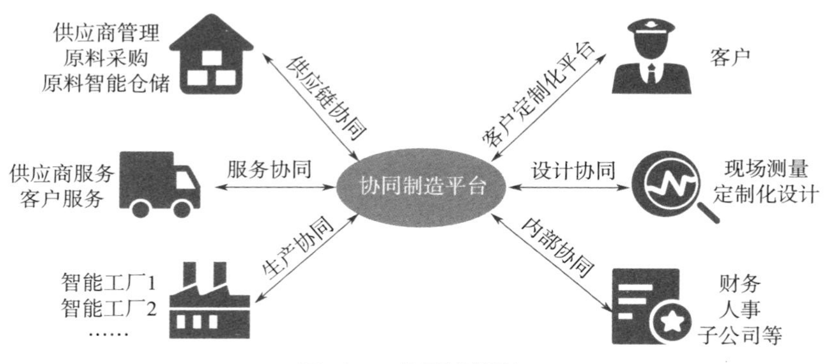

图 12-5 协同制造平台

下面介绍几个智能协同控制技术在智能制造领域的工业应用实例。

①自动化装配线。在汽车制造业中，智能协同控制技术可以让不同的机器人协同完成汽车的装配工作。比如，一个机器人负责组装车身，另一个机器人负责安装轮胎，它们之间的动作需要严格同步，以确保装配的质量和效率。通过智能协同控制技术，这些机器人可以实时交换信息，协调动作，就像一个默契的团队一样。

②智能物流系统。在仓库中，智能协同控制技术可以让自动化叉车、传送带、分拣机器人等设备协同工作，高效完成货物的搬运、分拣和包装。这些设备通过无线网络实时交换信息，自动规划

最优的搬运路径，避免相互干扰，提高运输效率。

③质量检测。在生产线上，智能协同控制技术可以让检测设备和生产设备协同工作，实时监控产品质量。一旦检测到产品存在缺陷，检测设备会立即通知生产设备调整参数，或者停止生产，避免产生更多的不合格品，从而保证产品质量。

④能源管理。在整个工厂中，智能协同控制技术还可以用于能源管理，让各种设备根据实际的生产需求自动调整能源使用，避免浪费。比如，在生产需求较低的时候，自动减少空压机、冷却系统等设备的运行，从而节省能源。

智能协同控制技术之所以在智能制造领域如此重要，是因为它能够让生产过程更加灵活、高效和智能。通过让各种设备协同工作，可以实现生产过程的自动化和优化，减少人工干预，降低生产成本，提高产品质量和生产率。

智能协同控制技术已经成为智能制造的重要技术之一。未来随着相关技术的不断发展和完善，多智能体系统的智能协同控制技术在智能制造领域的应用将会越来越广泛，对于提高生产率、降低生产成本、提高产品质量也将会发挥越来越重要的作用，为制造业的发展带来新的机遇。

参考文献

［1］陈明，张光新，向宏．智能制造导论［M］．北京：机械工业出版社，2021.

［2］陈明，梁乃明．智能制造之路：数字化工厂［M］．北京：机械工业出版社，2016.

［3］国家职业分类大典修订工作委员会．中华人民共和国职业分类大典（2022 年版）［M］．北京：中国劳动社会保障出版社，2022.

［4］李国利．我国可重复使用试验航天器成功着陆［EB/OL］．（2023–05–08）．http://www.news.cn/2023–05/08/c_1129596842.htm.

［5］李鑫．我国成功发射可重复使用试验航天器［EB/OL］．（2022–08–05）．https://mp.weixin.qq.com/s/o_kjYeJNJwM2vdz4iRlm7g.

［6］李国利，赵金龙．我国成功发射可重复使用试验航天器［EB/OL］．（2022–09–04）．http://m.xinhuanet.com/2020–09/04/e_1126453484.htm.

［7］杨成，林佳昕．我国亚轨道重复使用运载器飞行演示验证项目首飞取得圆满成功［EB/OL］．（2021-07-19）．https://baijiahao.baidu.com/s? id=1705461641222215369&wfr=spider&for=pc.

［8］马帅莎．我国亚轨道运载器重复使用飞行试验获得圆满成功［EB/OL］．（2022-08-26）．https://www.chinanews.com.cn/gn/2022/08-26/9837058.shtml.

［9］顾新建．分布式智能制造［M］．武汉：华中科技大学出版社，2019.

［10］范君艳，樊江玲．智能制造技术概论［M］．武汉：华中科技大学出版社，2019.

［11］杨挺，刘亚闯，刘宇哲，等．信息物理系统技术现状分析与趋势综述［J］．电子与信息学报，2021，43（12）：3393-3406.

［12］江杰，王晓东，何佩，等．赛博物理系统研究与发展综述［J］．建模与仿真，2020，9（3）：345-356.

［13］臧冀原，王柏村，孟柳，等．智能制造的三个基本范式：从数字化制造、“互联网＋”制造到新一代智能制造［J］．中国工程科学，2018，20（4）：13-18.

后　记

随着全球科技革命和产业变革迅猛发展，以新一代信息技术与先进制造业的深度融合为核心特征的智能制造推动着新一轮工业革命的浪潮。各国纷纷将发展智能制造作为提升国家竞争力、赢得未来竞争优势的关键举措。智能制造是基于新一代信息技术与先进制造技术深度融合，贯穿于设计、生产、管理、服务等制造活动各个环节，具有自感知、自决策、自执行、自适应、自学习等特征，旨在提高制造业质量、效益和核心竞争力的先进生产方式。智能制造对于加快形成新质生产力、发展现代产业体系、巩固壮大实体经济根基、推动“中国智造”建设具有重要意义。

智能制造技术的复杂性和专业性较强。基于这样的背景，我们决定编写这本智能制造科普图书，以期为广大读者提供一个通俗易懂、系统全面的知识平台。

本书共分4篇，分别为数字知识篇、数字职业篇、数字产业篇、数字未来篇，涵盖智能制造基础知识、人才培养、产业建设、未来发展等方面。通过编写本书，我们希望能够将智能制造的基本概念、技术原理、应用领域等方面的知识普及给更多人，让更多人了解并关注智能制造的发展，激发更多人对智能制造的兴趣和热情。

在编写本书的过程中，我们得到了多位专家、学者的支持和帮助。在此，我们向他们表示衷心的感谢。同时，我们也要感谢广大读者对本书的关注和支持，希望这本书能够成为你们了解和学习智能制造的良师益友。

受编者水平、经验与时间所限，本书的不足与疏漏之处在所难免，恳请广大读者批评与指正，以便我们不断完善和改进。

编者

2024 年 3 月